国家自然科学基金青年科学基金项目(51404267)资助
国家自然科学基金面上项目(51274196)资助

燃煤电厂磨煤机返料在振动气固流化床中的颗粒分离行为

王　帅　何亚群　魏　华　著

中国矿业大学出版社

内容简介

本书将流化床干法分选技术引入电厂磨煤制粉过程，围绕燃煤电厂磨煤机返料中黄铁矿等高密度、高硬度矿物质组分的去除，开展了振动流化床分选 0.5 mm 以下粒级物料的相关基础研究。本研究构建了颗粒运动动力学模型并解释了颗粒分离机理，设计了振动流化床连续分选装置并进行了连续分选试验，为细粒物料在振动流化床中的分选提供了研究基础。

本书可作为矿业工程、环境工程等相关专业的高等院校师生和研究院所的研究人员及企业的技术人员参考使用。

图书在版编目(CIP)数据

燃煤电厂磨煤机返料在振动气固流化床中的颗粒分离行为/王帅，何亚群，魏华著. —徐州：中国矿业大学出版社，2017.10

ISBN 978-7-5646-3436-0

Ⅰ. ①燃… Ⅱ. ①王… ②何… ③魏… Ⅲ. ①燃煤发电厂—磨煤机—流化床—分选技术—研究 Ⅳ. ①TM621

中国版本图书馆 CIP 数据核字(2017)第 227225 号

书　　名　燃煤电厂磨煤机返料在振动气固流化床中的颗粒分离行为
著　　者　王　帅　何亚群　魏　华
责任编辑　黄本斌　赵朋举
出版发行　中国矿业大学出版社有限责任公司
（江苏省徐州市解放南路　邮编 221008）
营销热线　(0516)83885307　83884995
出版服务　(0516)83885767　83884920
网　　址　http://www.cumtp.com　**E-mail**:cumtpvip@cumtp.com
印　　刷　徐州中矿大印发科技有限公司
开　　本　787×1092　1/16　**印张** 9.5　**字数** 186 千字
版次印次　2017 年 10 月第 1 版　2017 年 10 月第 1 次印刷
定　　价　30.00 元

前 言

气固流化床分选技术已成为干法选煤研究的热点，细粒煤流化床分选技术及理论也得到了快速发展。本书在综述了国内外流化床分选技术及相关文献的基础上，从节能减排的目的出发，将流化床干法分选技术引入电厂磨煤制粉过程中，围绕燃煤电厂磨煤机返料中黄铁矿等高密度、高硬度矿物质组分的去除，开展了振动流化床分选 0.5 mm以下粒级物料的相关基础研究。本书研究了在无外加重介质条件下颗粒在流化床中的受力情况，研究了颗粒在不同雷诺数下运动时的阻力系数差异，并加入振动作用在颗粒上的正弦力，建立了振动流化床不同区域内颗粒运动动力学模型，得到颗粒加速度公式。解释了颗粒在振动流化床中的分离机理，设计了振动流化床连续分选装置并进行了连续分选试验，为细粒物料在无外加重介质条件下的振动流化床分选提供了研究基础。

对颗粒运动动力学模型的数值模拟结果表明，该模型适用于计算和描述颗粒在振动流化床中的运动速度和轨迹。计算流体力学模拟结果表明，在稀相和密相两种流化状态的作用下，不同颗粒在流化床中的不同区域运动、聚集，最终按密度进行了分层。

磨煤机返料粒度较细，主要集中于 0.125～0.25 mm，属 Geldart B 类颗粒。模拟物料和实际物料流化特性试验结果表明：振动可显著降低流化床起始流化速度和床层膨胀率；分选特性实验结果表明：模拟物料和实际物料均存在按粒度分级现象，并按密度进行了分层。在流化数为 3、振动频率为 55 Hz 时，物料分选效率较高，各层产物粒度、密度分布较均匀，其中实际物料的重产物灰分为 78.46%，轻、重产品灰分差值为 37.39%，分选效率为 51.14%，可燃体回收率达到了 94.05%。扫描电镜背散射成像和能谱仪元素面分布研究表明，返料中的黏土矿物、黄铁矿等高密度组分得到分离。研究还表明，磨煤机返料中微细粒级煤粉的存在,使流化床层粒度和密度分布更稳定。

本书研究了振动力场的加入对分选过程的影响。高速动态摄像分析结果表明:振动促进了气泡的兼并,并在流化床径向截面形成向上做周期规律的运动气塞,尽管气塞的运动对床层的稳定性有影响,但对颗粒按密度分离有利。颗粒在振动流化床中的分离机理表明,颗粒通过气泡稀相和粒群密相的协同作用,最终在干扰沉降过程中通过沉降末速的不同而得到分离。

本书还进行了磨煤机返料连续分选试验,研究了轻、重产物灰分值、分选效率和可燃体回收率与操作气速、振动频率和给料速度之间的关系。结果表明:当操作气速为 13.2 cm/s、振动频率为 55 Hz、给料速度为 1.5 kg/min 时,综合分选效果最好,轻、重产物灰分分别为 45.37%和 75.67%,分选效率和可燃体回收率最高,分别为 58.33%和 88.64%。试验结果证明了磨煤机返料振动流化床分选的可行性。

作　者

2017 年 3 月

变量注释表

字母	含义	字母	含义
A_0	振幅,mm	A_d	灰分,%
A_r	阿基米德数	C_D	曳力系数
C_{Df}	稀相内颗粒曳力系数	C_{Dc}	密相内颗粒曳力系数
C_{Di}	相互作用相团聚物曳力系数	d_p	颗粒直径,mm
D	流化床直径,mm	d_{cl}	颗粒团聚物当量直径,m
E	可燃体回收率,%	e_0	等沉比
F_i	惯性力,N	F_g	重力,N
F_b	浮力,N	F_d	曳力,N
F_c	升力,N	F_x	水平方向振动力,N
F_y	垂直方向振动力,N	F_{pg}	压力梯度力,N
F_{am}	附加质量力,N	F_B	Basset 力,N
F_s	Saffman 力,N	F_m	Magnus 力,N
f	振动频率,Hz	G_s	颗粒质量流率,kg/(m^2·s)
g	重力加速度,m/s^2	H	流化床层高度,mm
H_0	静床高,mm	Δh	测压点高度差,mm
K	振动强度	m	颗粒质量,g
Δp_{mfv}	振动流化床起始流化压降,kPa	Δp_{mf}	普通流化床起始流化压降,kPa
Δp	床层压降,kPa	Q_f	浮物中的轻产物质量,g
Q_r	入料中的轻产物质量,g	Re	雷诺数
S_t	硫分,%	S_d	粒度分布均匀系数
S_r	密度分布均匀系数	t	时间,s
t_0	起始时间,s	U_{mfv}	振动流化床起始流化速度,cm/s
U_{mf}	流化床起始流化速度,cm/s	U_{sf}	稀相表观滑移速度,m/s
U_{sc}	密相表观滑移速度,m/s	U_{si}	稀密两相滑移速度,m/s
U_g	表观速度,m/s	v_p	颗粒速度,cm/s

续表

字母	含义	字母	含义
v_a	气流速度，cm/s	v_t	自由沉降末速，cm/s
v_q	给料速度，kg/min	Z_f	沉物中的重组分质量，g
Z_r	入料中的重组分质量，g	ε_{mf}	起始流化床层孔隙率，%
ε	床层孔隙率，%	ε_f	稀相孔隙率，%
ε_c	密相孔隙率，%	η	背散射系数
μ_a	空气运动黏度，1.56×10^{-5} m²/s	μ_f	流体剪切黏度
ξ	分选效率，%	ρ_a	空气密度，g/cm³
ρ_b	流化床密度，g/cm³	ρ_f	流体密度，g/cm³
ω	颗粒旋转角速度，rad/s	α	密相体积分数
Φ	颗粒形状系数		

目　录

1 绪　论

1.1 研究背景及意义

世界煤炭消耗量由 2000 年的 42.98 亿 t 增长到 2015 年的 79.30 亿 t，其中，我国煤炭消费量占全球煤炭消费量的 50.6%[1]。尽管近年来新能源的开发利用有了一定的进展，但煤炭作为我国的主要能源，在一次能源消费结构仍占 65%左右，其主导地位在中长期内不会改变，燃煤电厂发电用煤的增加对煤炭消费总量上升有较大影响。2010 年我国煤炭消费量达到 31.8 亿 t，其中约 50%用于火力发电。据统计，2010 年我国发电装机容量达到 9.62 亿 kW，总发电量 42 280亿 kW·h，同比增长 14.85%。其中火电容量为 7 亿 kW，占 72.77%左右；全年累计火力发电量为 34 145 亿 kW·h，占总发电量的 80.76%，同比增长 13.37%，供电标准煤耗 335 g/(kW·h)[2]。另一方面，相关数据表明，随着经济结构及模式的变化，我国大气的污染物类型正在发生改变，而不是之前单一的燃煤污染型，但燃煤污染物的排放量在我国大气污染物排放量中的比例仍然高居不下[3]，煤烟型污染是目前我国大气污染的基本特征。近年的统计数据表明，我国煤炭燃烧产生的 SO_2、CO_2、NO_x 及 TSP 排放量分别约占总排放量的 90%、85%、60%和 70%。其中 PM2.5 是指 TSP 中粒径小于 2.5 μm 的浮物颗粒，而燃煤发电是产生 PM2.5 的重要行业之一。随着环境恶化的加剧，国际社会越来越关注节能减排和环境保护。在 2009 年，我国政府提出了节能减排目标，即到 2020 年单位 GDP 二氧化碳的排放量比 2005 年下降 40%～45%。在当前我国以煤炭能源为主体的形势下，提高燃煤效率和减少燃煤污染物排放是必然选择[3]。

目前，我国燃煤电厂中 90%以上采用煤粉（pulverized fuel，PF）燃烧方式，磨煤制粉系统是必备环节。在火力发电厂的电能生产过程中，有 5%～10%的总发电量将被其自身的设备所消耗，即厂用电率为 5%～10%。电力行业统计数据显示，磨煤制粉系统的能耗在辅助设备中最大[4]，磨煤机工作效率直接影响电厂的发电成本及节能降耗目标的实现。虽然我国一些技术先进的电厂，如五大发电集团所属的部分电厂发电煤耗已达到世界领先水平，整体而言，全国火电机组平均发电煤耗 2009 年为 342 g/(kW · h)，2010 年有所下降，为 335 g/(kW · h)，但全国发展很不平衡，有些火电厂供电煤耗甚至超过 380 g/(kW · h)。目前火电发电煤耗世界先进水平为 260 g/(kW · h)，若我国火电厂磨煤制粉系统的节能水平达到 300 g/(kW · h)的发达国家平均水平，按火电发电量计算每年可节约煤炭资源约 1.2 亿 t，相当于节约 4 000 亿 kW · h 发电量。此外，由于大部分技术从国外引进，磨煤效率及电力设备装备的知识产权和自主化水平亟待提高[5]。

在磨煤制粉过程中产生的粗粒煤粉(返料)往往要返回到磨煤机中重新磨制，这部分粗粒煤粉中富集了原煤中大多数硬度大、可磨性差的有害矿物质，其将在磨煤机中多次循环，导致磨煤机循环倍率的增大。已有研究结果表明，电厂磨煤机内部循环倍率有时高达 8～10，严重降低了磨煤机出力。返料中的矿物质在磨煤机中多次循环不仅影响磨煤机的效率，增加了能耗和设备的磨损，进而导致磨煤机的保养和维修压力加大，而且这部分有害矿物质除少量以石子煤排出外，大多数最终磨成细粉进入锅炉燃烧，使锅炉燃烧效率降低，增加污染物排放[6]。以黄铁矿为例，作为燃煤污染物 SO_2的主要来源之一，虽经过初期选煤使得部分黄铁矿得以去除，但随着燃煤在磨煤机中进一步破碎，一部分剩余黄铁矿被解离出来，因为矿物质成分与煤粉破碎特性不同，将在磨煤机中多次循环，磨损设备并增加能耗，进入炉膛后燃烧，不仅产生 SO_2 污染大气，而且生成附着物贴于炉膛内壁，影响燃烧效率和锅炉的使用寿命。因此，去除返料中有害矿物质，对于降低磨煤机的磨损、磨煤能耗以及减少燃煤污染物的排放都具有重要意义，是实现燃煤电厂减少污染物排放、提高磨煤机效率和经济环境效益的有效途径。

1.2 课题的提出

煤炭是由有机成分和无机成分组成的，煤的有机成分是指煤的显微组分，无机成分是指在显微镜下能观察到的煤中矿物，以及与有机质结合的各种金属、非金属元素和化合物(无机质)。煤中矿物质主要有黏土类矿物质、硫化物类矿物质、碳酸盐类矿物质、氧化物类矿物质和硫酸盐类矿物质。其中，黏土类矿物质是煤中最常见、最重要的矿物质，它在煤中所占比例很大，分布很广。常见的黏土类矿物质有高岭石、水云母、伊利石等，通过燃前选煤环节可有效去除这部分矿物质。硫化物类矿物质包括黄铁矿和白铁矿等。其中黄铁矿是煤中大量存在的矿物质之一，常呈晶粒、透镜体、鲕状和球状结核在煤中出现。硫酸盐类矿物质主要是指石膏，往往沿裂缝或层面呈微小晶粒出现。

硫是煤中最有害的元素，燃烧过程中，煤中的硫元素会生成 SO_2 和 SO_3 排放到大气中形成酸雨，严重影响了人类的身体健康和生态环境，同时，黄铁矿等可磨性差的矿物质由于密度较大，会在磨煤机内不断循环，会对磨辊造成严重的磨损，降低磨煤机的效率。

针对传统的电厂脱硫技术和工艺的缺点，本书提出从磨煤机和分离器工作原理及分离器返料性质入手，将气固流化床分选技术引入磨煤过程中，对电厂磨煤过程进行在线脱硫研究。由于分离器返料粒度较细，在这种情况下，要使黄铁矿等矿物质与煤炭充分解离，应从微细粉煤流化床分选入手研究微细颗粒物料在气固流化床中的分离行为，利用黄铁矿等高密度矿物质与煤炭的密度差异对分离器返料进行在线燃前脱硫。

本课题来源于“亚太清洁发展和气候合作计划”(Asia-Pacific Partnership on Clean Development and Climate，APCDC)的子课题“*Efficiency Improvements in Coal Fired Utilities*”，以及国家自然科学基金面上项目“燃煤电厂制粉系统提效及磨煤机返料矿物质去除对节能减排的协调作用(51274196)”。本书通过对电厂磨煤机分离器返料性质的分析，对电厂磨煤机分离器返料进行采样并进行实验室分选实验，研究其在稀相振动气固流化床中的运动规律和颗粒分离行为机理，对分离器返料在流化床分选过程中的运动动力学进行研究，并建立动力学模型；运用高性能计算机和计算流体力学软件对磨煤机分离器返料在稀相振动气固流化床中的分离行为及两相流流场进行数值模拟；进行磨煤机分离器返料在稀相振动气固流化床中的连续分选实验，评价分选效果并提出合理的磨煤机分离器返料在线脱硫工艺技术方案。

1.3 研究内容及方法

1.3.1 研究内容

综上所述，由于电厂磨煤机分离器返料粒度较细，主要集中在0.5 mm以下，其粒度范围与固体介质颗粒粒度近似，根据气固流化床的前期理论和应用，传统的空气重介质分选流化床以及空气跳汰等干法分选技术无法对其进行分选。对于其中黄铁矿等矿物质的脱除，需要研究在没有加重质的条件下的颗粒分离机理。

针对磨煤机分离器返料的性质和电厂生产的经济性，本书将对电厂磨煤机分离器返料稀相振动流化床分选进行研究。利用黄铁矿和煤较大的密度差，研究黄铁矿等高密度硬组分的去除，并通过实验数据验证颗粒分离的动力学模型，对微粉煤在无加重质条件下分离黄铁矿的过程进行解释。主要研究内容包括以下几方面：

① 运用先进分析仪器及手段对电厂磨煤机返料进行矿物学分析，研究物料表面性质、晶体结构、矿物质的嵌布规律、元素定量、物相组成等与颗粒运动行为

相关的物料矿物学特性。

② 对不同粒度与密度的示踪颗粒进行分选实验，研究颗粒在稀相振动流化床分选过程中的分离机理与颗粒运动动力学行为。

③ 对电厂磨煤机返料采样物料进行分选试验，研究磨煤机分离器返料在稀相振动气固流化床中的分选效果，确定分选机的结构与操作参数。

④ 运用高性能计算机和计算流体力学软件对磨煤机分离器返料在稀相振动气固流化床中的分离行为及两相流流场进行数值模拟。

本书在前人对气固流化床干法分选技术研究的基础上，首次在国内对电厂磨煤机分离器进行开孔取样，并首次运用振动气固流化床在无外加介质的情况下对采样物料进行分选研究，以便为磨煤机返料实现在线脱硫分选提供理论依据，并提出分选可行性方案，最终达到去除磨煤机分离器返料中难磨的黄铁矿等其他矿物质的目的，从而实现电厂的节能减排目标。

1.3.2 研究方法

① 本书将运用先进的现代分析仪器及手段对电厂磨煤机分离器返料进行矿物学分析。通过筛分和浮沉实验分析物料的粒度和密度组成；运用扫描电子显微镜（SEM）和能谱仪（EDX）对物料进行形貌和矿物元素分布研究；运用 X 射线荧光光谱仪（XRF）对物料的相关元素（S、Fe）进行精确定量分析；运用 X 射线衍射仪（XRD）对物料中矿物的物相组成进行分析，确定硫的赋存状态，全面了解物料基本的物理和化学性质。

② 根据物料的矿物学分析结果，选择合适的示踪颗粒，通过不同性质示踪颗粒的组合，用振动流化床进行分选试验。调节振动流化床的各项操作参数等实验条件，运用高速动态摄像和分析系统研究示踪颗粒在流化床中的运动及分层行为，初步得出颗粒运动的动力学方程。

③ 对磨煤机分离器返料实际采样物料进行稀相振动流化床分选试验，研究各种试验参数对分选过程的影响，研究采样物料在流化床内的运动情况及按密度及粒度分层过程，建立颗粒分层数学模型，并根据高速动态摄像和分析系统对示踪颗粒运动的受力情况及能量传递机理进行研究，建立颗粒在稀相振动流化床中运动的动力学方程。

④ 用 Gambit 软件建立稀相振动流化床物理模型，运用计算流体动力学软件 Fluent 对分选试验过程中的流体——颗粒系统进行模拟，研究并验证磨煤机分离器返料在稀相振动流化床中的颗粒分离行为及机理，对试验和理论研究作进一步补充。

⑤ 对实际物料分选试验结果、示踪颗粒分离过程的运动动力学特性，以及数值模拟的结果进行对比与系统研究，揭示稀相振动流化床颗粒分离行为机理与颗粒运动动力学特征。

2 研究现状及理论基础

2.1 电厂制粉系统及磨煤机返料

2.1.1 电厂制粉系统

燃煤电厂制粉系统包括给煤机、磨煤机、粗粉分离器、排粉机等，其中磨煤机是制粉系统核心设备。目前，国内采用的中速磨煤机主要有平盘磨、碗式磨、E型磨和MPS磨。中速磨煤机主要组成部件有磨辊、磨碗、煤粉分离器、落煤管与文丘里管和出口阀门等。中速磨煤机有着共同的工作原理：都有两组相对运动的研磨部件，研磨部件在弹簧力、液压力或其他外力作用下，将其间的原煤挤压或研磨，最终破碎成煤粉，通过研磨部件旋转，把破碎的煤粉甩到风环室，流经风环室的热空气流将这些煤粉带到中速磨煤机上部的煤粉分离器，过粗的煤粉被分离下来重新再磨。在这个过程中，热风还伴随着对煤粉的干燥。在磨煤过程中，同时被甩到风环室的还有原煤中夹带的少量石块和铁器等杂物，它们最后落入杂物箱，被定期排出。如图2-1所示为MPS型中速磨煤机的结构原理图。

2.1.2 分离器及磨煤机返料

煤粉分离器作为制粉系统的主要设备，其工作性能优劣直接影响着磨煤机出力、煤粉循环量、煤粉细度、电耗以及锅炉的燃烧效率。在直吹式制粉系统中，磨煤机研磨后的煤粉经过分离器之后直接被送入燃烧器进入炉膛燃烧，煤粉分离器的性能优劣直接影响锅炉机组运行的安全性和经济性[7,8]。由此可见，电厂中速磨煤机的磨煤效率及对后续节能减排的影响，不仅取决于磨煤机的效率，在一定程度上也取决于煤粉分离器分离性能的优劣。中速磨煤机的分离器结构示意图见图2-2。

在磨煤过程中，磨煤机产生的风粉混合物在管道中以一定速度进入分离器外锥体，由于通流截面的突然扩大，流速降低，气流中颗粒较大的煤粉因重力而分离，经回粉管回到磨煤机。气流经切向挡板导向而旋转时，由于离心力作用煤粉再次分离。当气流向下进入出口管后急转向上，由于重力和惯性力作用，煤粉中粗粉得到最后一次的分离。性能理想的煤粉分离器，不仅能把合格煤粉随气

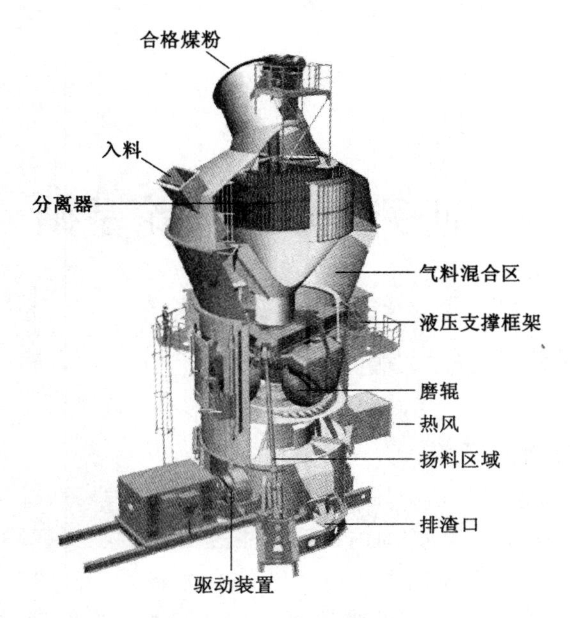

图 2-1　MPS 型中速磨煤机的结构原理图

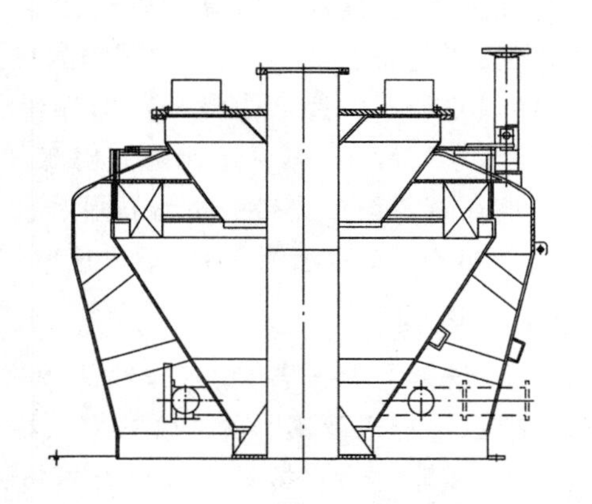

图 2-2　MPS 型中速磨煤机的分离器结构

流输出，使其不混入返回磨煤机的粗粉中去，无谓地增加磨煤机负荷，影响其出力，而且能把大于规定粒度级的不合格煤粉全部分离出来并返回磨煤机重磨，使其不随气流与合格煤粉进入炉膛，影响锅炉燃烧效率[9,10]。

如前所述，煤粉经分离器后，合格煤粉随着热风经煤粉管道进入炉膛燃烧，不合格的煤粉，即粒度较大和密度较大的重颗粒则经分离器锥体落回磨煤机磨盘重新研磨，这部分物料就是分离器返料。目前，由于我国电厂用煤一般煤质较差，多为质量较好的煤和劣质煤的混合配煤，其中含有大量黄铁矿等难磨组分，这样就增加了磨煤机磨制煤粉的不合格率，从而增加了分离器返料的量，使磨煤机循环倍率增大。经研究，电厂磨煤机物料循环倍率一般为 5～8，最高可达到 10 以上。由于难磨，分离器返料中的难磨硬物料在磨煤机内长时间存在并不断经分离器循环，降低了磨煤效率，增加了磨煤功耗。

煤中硬物料，特别是黄铁矿的存在，加速了磨辊的磨损，缩短了磨煤机维修周期，使磨煤机运行成本增加。图 2-3 所示为煤中黄铁矿，它的摩氏硬度达 6～6.5，解理极不完全。图 2-4 所示为磨煤机磨辊磨损图，可见黄铁矿的存在严重影响了磨煤机的工作。

图 2-3　黄铁矿　　　　图 2-4　磨损磨辊

煤中黄铁矿等矿物在分离器作用下，一部分以石子煤的形式排出磨煤机，一部分被粉碎之后随着热风通过煤粉管道进入炉膛进行燃烧。大量黄铁矿的燃烧产生 SO_2 和少量 SO_3，反应如下：

$$4FeS_2 + 11O_2 \longrightarrow 2Fe_2O_3 + 8SO_2$$

$$2SO_2 + O_2 \longrightarrow 2SO_3$$

$$SO_3 + H_2O \longrightarrow H_2SO_4$$

烟气中 SO_3 与水蒸气结合生成硫酸蒸气，会显著提高烟气的酸露点温度，从而会在低温受热面上凝结造成酸腐蚀。当受热面壁温接近或低于烟气露点时，烟气中的硫酸蒸气将在壁面凝结并对壁面产生腐蚀，同时烟气中的飞灰极易被酸液反应会生成水硬性硫酸盐，引起积灰硬化，形成很难清除的低温积灰，使结露腐蚀和积灰加剧，产生恶性循环，从而使空气预热器产生严重金属腐蚀和堵灰，导致烟道阻力增加，送风不足，影响锅炉可用率和热效率[11-13]。图 2-5 所示为电厂水冷及脱硫等设备腐蚀照片。

对水冷壁腐蚀产物进行的分析表明，腐蚀产物中铁的含量为 60%～70%，硫的含量为 15%～37%，硅的含量为 1%～7%，铝的含量为 2%～6%；对腐蚀产物的物相分析结果为 Fe_2O_3、α-Fe_2O_3、FeS 和 Fe1-XS，腐蚀产物中没有硫酸盐。

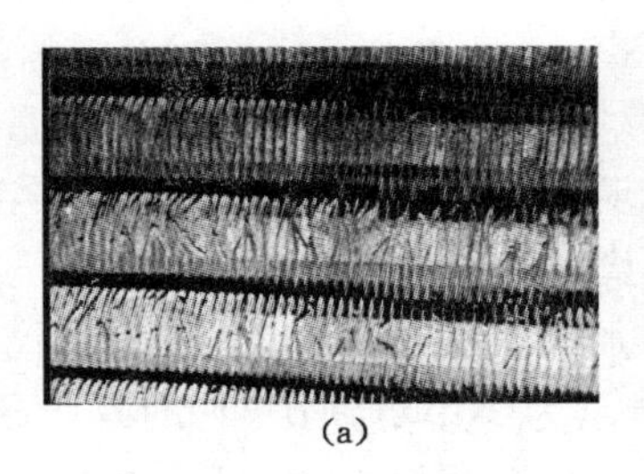
(a)

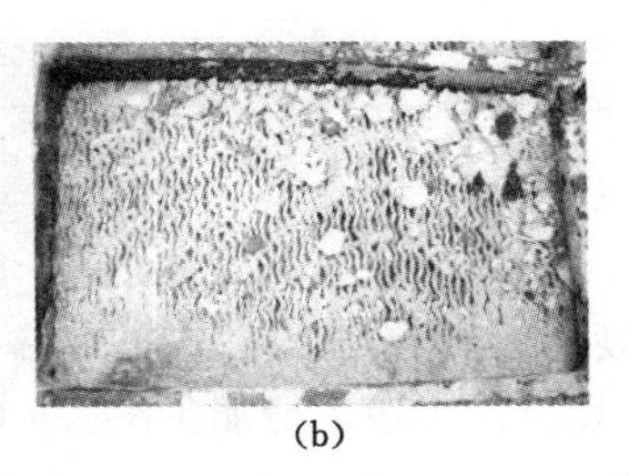
(b)

图 2-5 电厂部分腐蚀设备

(a) 水冷设备内部；(b) 脱硫设备内部

可见，黄铁矿等矿物成分的存在，会严重影响电厂的生产，增加运行成本，因此，对磨煤机返料进行燃前脱硫对电厂的节能减排有重要意义。

2.1.3 火电厂污染物排放的影响

我国的大气环境污染主要以煤烟型污染为主，主要污染物是 SO_2、烟尘和氮氧化物。这与我国以煤炭为主要能源的能源消费结构密切相关。在煤炭燃烧过程中，大量的二氧化硫、氮氧化物、粉尘等有毒有害物质的排放，对生态环境造成严重的破坏，危害人类的身体健康，造成巨大的经济损失。2006 年电力行业能源消耗和污染物排放量全国占比情况见表 2-1，可以看出我国要实现“十二五”节能减排的目标，电力行业的节能减排是关键。

表 2-1 2006 年电力行业污染物排放量全国占比情况

序号	项目	电力行业全国占比/%
1	二氧化硫排放量	54
2	火电用水	40
3	烟尘排放量	20
4	灰渣	70

燃煤发电在我国能源生产中所占的主导地位，华能、大唐、华电、国电和中电这五大电力集团公司的二氧化硫排放量占全国排放总量的 60%以上。图 2-6 所示 2007～2009 年三年中国五大电力集团公司燃煤发电二氧化硫排放量情况。2005 年和 2006 年中国电力行业二氧化硫排放量约为 1 300 万 t 和 1 350 万 t。而每排放 1 t 二氧化硫，就会造成 2 万元的经济损失。

大量的二氧化硫排放，导致我国多个地区频发酸雨灾害，造成巨大的经济损失。我国大部分经济发达地区均属于酸雨区，经过计算，我国目前每年因酸雨和二氧化硫污染对生态环境损害和人体健康影响造成的经济损失在 1 200 亿元人民币左右[14]。同时燃烧过程中，煤炭中含有的汞、砷和铅等有害元素会随着烟

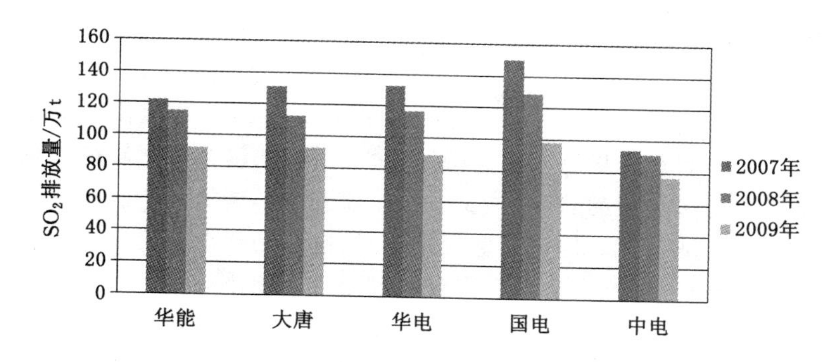

图 2-6　2007～2009 五大电力集团公司二氧化硫排放量

尘和蒸汽排入大气中，严重影响空气质量，危害人们的身体健康，因此，每年与燃煤大气污染密切相关的疾病都给我国造成了巨大的健康经济损失和疾病负担。据中国疾病预防控制中心与国际环保组织绿色和平在北京发布双方专家共同完成的《煤炭的真实成本——大气污染与公众健康》报告指出：燃煤导致的大气污染已成为影响我国公众健康的最主要危险因素之一。上述报告指出，燃煤导致的污染占我国烟尘排放的70%、二氧化硫排放的85%、氮氧化物排放的67%和二氧化碳排放的80%。同时，燃煤大气污染物的扩散范围可达数千千米以外，相当于北京到上海甚至到广州的距离，这意味着远离污染源的人群并不能避免环境污染的影响。因此，燃煤过程中产生的环境污染问题应当引起高度的重视。

2.1.4　电厂脱硫现状

电厂中 SO_2的控制途径有三个：燃烧前脱硫、燃烧中固硫、燃烧后脱硫即烟气脱硫(flue gas desulfurization，FGD)。其中，燃烧中固硫(如型煤脱硫技术、循环流化床炉内燃烧脱硫技术、炉内钙固硫技术)是指在煤的燃烧过程中加入脱硫剂，使其在燃烧中与 SO_2反应生成硫酸盐，随灰渣排出。其投资少，运行费用低，不产生废气，但燃烧中会对炉膛温度有一定的限制，使得效率大大降低，此外该方法的脱硫效率也很低。烟气脱硫(FGD)是工业上较为成熟的脱硫技术，也是唯一大规模商业化应用的脱硫方法。

目前，已经应用于工业生产的烟气脱硫技术主要分为两种，即干法(含半干法)和湿法脱硫[15-17]。常用的干法主要使用固体吸收剂、吸附剂或催化剂除去废气中的 SO_2，处理过程中无废水和废酸的产生是干法脱硫的最大优点，避免了二次污染的产生，但要使用庞大的脱硫设备，而且脱硫效率低。湿法脱硫主要使用液体吸收剂吸收烟气中的 SO_2，常用的方法有石灰石—石膏法、钠碱吸收法、氨吸收法等。湿法脱硫工艺的优点在于操作简单、脱硫设备简单及较高的脱硫效率，但脱硫后烟气温度较低，不利于烟气的扩散。

下面简要介绍目前在市场上应用比较广泛的烟气脱硫方法。

作为目前世界上技术最成熟、应用最广泛的烟气脱除技术,石灰石—石膏湿法烟气脱硫工艺约占已安装FGD机组容量的70%。该工艺适合各种变质程度的煤种,而且对大容量的机组有很高的适应性,对高浓度二氧化硫烟气脱硫效率高,吸收剂价格低廉且容易获取。除此之外,该工艺得到的副产品还可以综合利用,具有较高的商业价值。但该工艺也有不足,主要是建设费用高、场地要求高、高耗水而且脱硫过程中产生的废水需要经过处理才能排放。

依靠自身的碱度、盐度以及pH值,海水可对烟气进行高效脱硫,脱硫效率可达到92%以上,系统使用率可达到100%。海水脱硫过程中不会产生固体废弃物,脱硫系统结构简单,运行成本较低,便于实现自动化,并且脱硫过程压力损失小,一般在0.98～2.16 kPa之间。但是,海水烟气脱硫工艺也有其缺点:一是因地域限制而无法大规模推广;二是只适用于低硫煤的燃烧,对于燃用高硫煤的电厂会显著增加脱硫除尘器的成本;三是对于脱硫设备要进行专门的防腐设计。因此该工艺无法大规模推广。

喷雾干燥工艺(SDA)是一种半干法烟气脱硫技术,其市场占有率仅次于湿法。该工艺是将水和$Ca(OH)_2$配制成吸收剂,并使用喷雾装置使其在反应塔内雾化,形成的雾滴在反应塔内吸收烟气中的SO_2,同时被热烟气蒸发,生成的固体颗粒由电除尘器捕集。喷雾干燥技术可用于中低含硫量的煤炭燃后脱硫,当钙硫比为1.3～1.6时,脱硫效率可达90%以上。但此工艺的主要缺点在于消石灰乳形成的吸收剂容易对系统造成堵塞,而且吸收剂浆液的配制需要专门的设备,需要较大的投资费用,且脱硫产生的副产品需要废弃。

烟气循环流化床脱硫工艺(CFB-FGD)常采用消石灰作为吸收剂,其脱硫原理与喷雾干燥法类似。烟气通过空气预热器从循环流化床反应器的底部向上进入反应塔内,在塔内与消石灰反应,烟气携带反应后的产物与飞灰进入反应塔后部的预除尘器和ESP,然后将大部分固体物料再返回流化床,形成干粉状的钙基混合物。与传统的石灰石—石膏法脱硫装置相比,该工艺的优点在于系统结构简单,占地面积小,投资及维护费用小。但由于该工艺固体物料浓度较高,系统阻力相对较大,大大增加了除尘器的负荷,而且需要进一步研究其脱硫副产品的利用问题。

电子束辐射技术脱硫工艺是一种干法脱硫技术。烟气从燃煤锅炉排出,经过除尘器的处理,进入冷却塔冷却至65～70 ℃,将接近化学计量比的氨气在烟气进入反应器之前注入,然后用高能电子束照射反应器中的烟气,使其中的N_2、O_2和水蒸气等发生辐射反应,生成大量的自由基和各种激发态的活性物质,最终将SO_2氧化为SO_3。SO_3与水蒸气反应生成雾状的硫酸,硫酸再与之前注入反应器的氨气反应生成硫铵,净化后的烟气则通过烟囱排放。

综上所述，目前的电厂燃后脱硫工艺普遍存在工艺复杂、运行成本高等问题，大大增加了电厂的负担。而电厂燃煤燃前脱硫不仅可以从源头上去除黄铁矿等含硫物质，而且可以减轻燃中及燃后脱硫所造成的设备、管道腐蚀和磨损，大大降低电厂的脱硫成本。

2.2　流态化及气固流化床分选

2.2.1　气流分选的起源

人类在古代就已经运用气流分选的方法对稻谷等作物进行分选以得到纯净的粮食，现在气流分选依旧广泛应用于粮食分选作业中。将空气作为分选所用介质，分选过程不用水，这使气流分选具有成本低、污染小等优点，非常适用于干旱缺水以及不适合湿法分选的地区。目前，干法分选主要有两种，即有加重质和无加重质气流分选。空气重介质气固流化床分选技术是有加重质的气流分选的典型代表，此项分选技术是利用磁铁矿粉或煤粉作为加重质与空气形成具有一定密度的流化床层，使得物料在流化床中按密度分层。对于该技术，加重质与空气形成密度稳定的浓相流化床是关键点。无加重质气流分选是指物料在空气中根据其自身密度、粒度、运动的速度和加速度以及形状结构等来进行分选。典型的分选方法及设备主要有脉动气流分选、空气跳汰、气力摇床等，该技术主要是根据不同组分的密度差异，使物料在以空气为介质的稀相条件下进行分离。

缺水已成为全球性问题，随着水资源的日渐匮乏，干法理论及技术的研究已成为选煤领域的研究热点之一，相继提出了复合式干法风力分选、空气重介质流化床分选、外加力场流化床分选、脉动气流分选、摩擦电选等理论及技术[18-23]。目前，干法选煤在国际上受到了普遍关注和重视。风力选煤的发展已有近百年的历史，由于风力选煤的分选精度（E_p＞0.2）和分选效率（约为70%）都很低，适应性差，主要用于易选煤的排矸，因此应用很少。为解决缺水及干旱地区煤炭的高效分选，节约水资源，综合利用煤炭资源以及提高燃烧效率，减少环境污染等问题，苏联、美国和加拿大等国家先后开展了流化床干法分选技术的研究。进入20世纪六七十年代，随着环境保护及综合利用煤炭资源的认识在世界各国逐渐受到重视，各国加紧了流化床干法分选技术的研究。美国的E. Douglas，加拿大的J. M. Beeckmans、J. Laskowski等人分别展开流化床干法分选的研究，并研制了模型机，进行了实验室分选研究，引起了许多国家的重视。但由于他们只以化学工程上流化床反应器物料置换的原理为基础，而没有对煤炭分选的浓相高密度流化床流化特性进行深入的研究，所以分选精度不是很理想，没有能够实现工业化。

2.2.2 流态化

根据所处条件不同，物质通常可表现为固态、液态或气态。所谓流态化，既非固态、液态，也非气态，而是由流体与固体颗粒物料相互作用而形成的一种新的状态。流态化技术是人们为追求强化固体物料的加工效率，从而提高固态物质的加工利用效率，改变固态物质的加工状态而广泛采用的一种技术手段。目前，流态化技术在强化某些单元操作和反应过程以及开发新工艺方面，起着重要作用，它已在化工、炼油、冶金、轻工和环保等行业得到了广泛应用。例如，在石灰石煅烧过程中，原本为100 mm级块度的固定床竖式窑、10 mm级移动床和回转窑煅烧技术，现在已经发展为毫米级或更小块度的流态化现代煅烧技术，其实质是强化了固体石灰石颗粒与热烟气之间的接触和热质传递，提高了生产效率，降低了生产成本。

床层结构和流动特性决定了流态化类型。在对流态化的早期研究中，人们就发现了两种膨胀特性不同、床层结构特征各异的流态化，即散式流态化和聚式流态化。液固流态化平稳、均匀，通常被视为散式流态化，而因物系特性不同，气固流态化通常被视为聚式流态化。图2-7所示表明了物料粒度与床层膨胀特性的关系，可以看出，当颗粒直径大于0.5 mm(0.019 5 in)时，气固流态化和液固流态化的膨胀特性没有太大差异，但是当颗粒直径小于0.5 mm时，则差异明显，而且随着粒径减小而加剧。

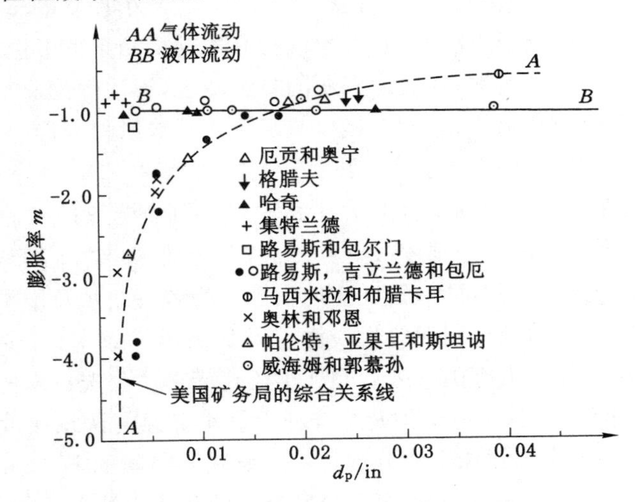

图2-7 液固流态化和气固流态化的膨胀特性与粒径的关系

随着流态化应用领域的扩展和基础研究的深入，流态化类型由早期的两大类扩展为散式流态化、聚式流态化和三相流态化等三大类，同时气固聚式流态化又得到了更细的分类。D. Geldart[24]研究了现有的不同物系的流化床层结构特征，将聚式流态化细分为四种类型，即他定义的D类物料（相当粗颗粒）的喷动流态化、B类物料（中粗颗粒）的砂性鼓泡流态化、A类物料（细颗粒）的充气流态化和C类物料（粉体）沟流流态化（极难流态化）。近年来，随着对气固流态化研究的不断深入，又将聚式流态化分为四种流态化类型，即鼓泡流态化、细颗粒低速下的散式流态化、细颗粒高速下的颗粒聚并（快速）流态化、微粉的聚团流态化。

由于不同的操作和物性条件，流态化之后的颗粒会产生不同的流型以及在不同尺度下的流动结构[25]。我们知道，当流体向上通过一个由大量颗粒组成的床层时，随着流体速度、固体循环等操作因素以及颗粒、流体物性参数的变化，床层将经历诸如均匀膨胀、鼓泡、节涌、湍动、快速循环、稀相输送等流化状态。颗粒的传递机制、运动形式以及与流体耦合的相互作用机制在不同流化状态下存在很大差异[25-29]。如图2-8所示，当颗粒浓度极低时，流场的特征尺度远大于颗粒运动的平均自由程，颗粒之间发生碰撞的概率几乎为零，这时的传递过程以流体控制的悬浮传递为主导，颗粒分布的不均匀性并不明显。颗粒浓度增大，颗粒运动平均自由程缩短，在流场特征尺度内颗粒间不断发生碰撞，颗粒通过瞬时碰撞和碰撞之间受流体曳力控制的悬浮两种形式的运动实现传递，颗粒自身作用（包括重力场、碰撞等作用）和流体作用相互协调，颗粒动态聚团的结构特征开始显现。随着颗粒浓度的进一步增大，颗粒间的碰撞概率显著增加，悬浮过程变短，明显出现了不均匀结构；当颗粒浓度继续增加并达到颗粒群处于紧密堆积的

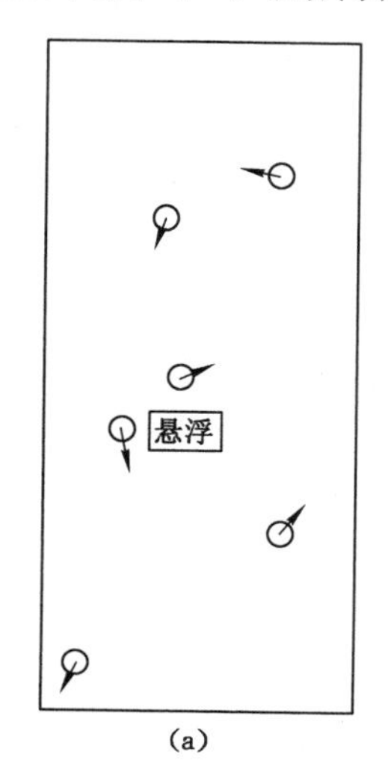

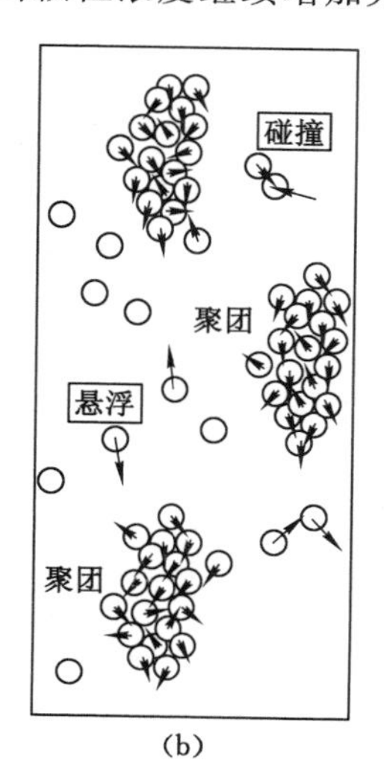

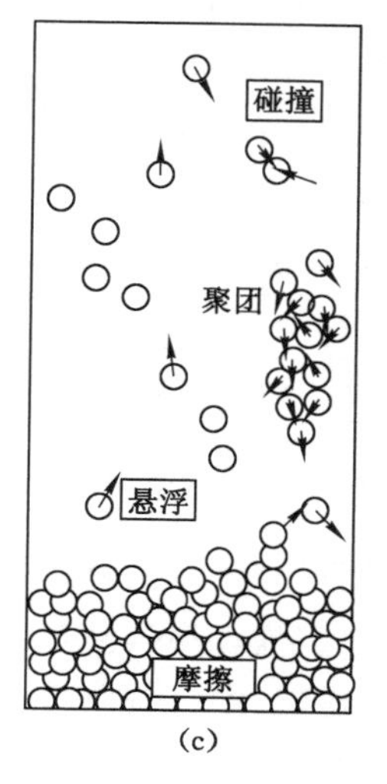

图2-8 颗粒传递的三种机制

(a)悬浮；(b) 碰撞；(c) 摩擦传递

状态时，颗粒间的瞬时碰撞以及悬浮过程逐步弱化，长时间的接触、摩擦作用在颗粒间占据主导地位，流体相作用控制让位于颗粒相作用控制。由此可见，三种机制控制着颗粒间的非平衡传递的实现：颗粒在两次碰撞之间受气体作用的悬浮传递、颗粒瞬间快速接触时的碰撞传递和颗粒在浓密状态下的摩擦接触传递。悬浮—碰撞传递与摩擦传递在流化床不同的浓度区域起到主导作用，不同流动状态决定着传递机制的相对强弱，而流动状态又取决于颗粒物性和操作参数。

2.2.3 气固流化床分选的发展与研究现状

早在 20 世纪初，美国就采用风力摇床成功地对烟煤进行了分选。接着，英美等国相继推出多种形式的风力分选机用于煤炭的分选。随后，苏联在 20 世纪 40 年代就广泛发展了风力选煤，至今还有风力选煤厂和有风选系统的选煤厂数十座，干法选煤年处理能力达 3 000 万 t 以上，约占原煤入选量的 8%，其中三分之二的干选厂分选褐煤，在乌拉尔地区有年处理能力 300 万 t 的风力选煤厂。苏联的干选设备种类较多，有风力摇床、风力跳汰机、射线选矸机以及空气重介质流化床分选机等。经过长期生产实践，仅有 CIT-6 型和 CIT-112 型两种规格的风力摇床在生产中得到应用[30]，这两款分选机的技术参数如表2-2 所列。

表 2-2　　风力分选机技术参数

型号	CIT-6	CIT-112
处理能力/(t/h)	50	150
入料粒度/mm	50～6	75～10
分选机工作面积/m^2	6.7	12
筛下空气室数量/个	3	4
振动电动机功率/kW	10.5	25
主机振动频率/(min^{-1})	310～400	310～400
主机振动振幅/mm	20	20
气流波动频率/(min^{-1})	56～130	56～124
外形尺寸/(mm×mm×mm)	6 410×2 985×5 500	8 160×4 030×9 315
设备质量/t	18.1	24.6

利用煤与矸石的物理性质差异，如密度、粒度、形状、导磁性等，干法分选技术可有效实现煤炭的分选。目前，干法分选技术主要有流化床分选、脉动气流分选、摩擦电选、空气跳汰分选等。我国现已工业化的选煤技术，根据分选介质不同可分为空气重介质流化床和 FX 型、FGX 型干选机[31]，如图 2-9 和图 2-10 所示。随着能源战略重心西移，干法选煤技术对于我国干旱缺水的西部地区有极其重要的意义，干法选煤厂建厂和运营费用较低，为西部地区在干旱缺水形势下

发展选煤业提供了可能。

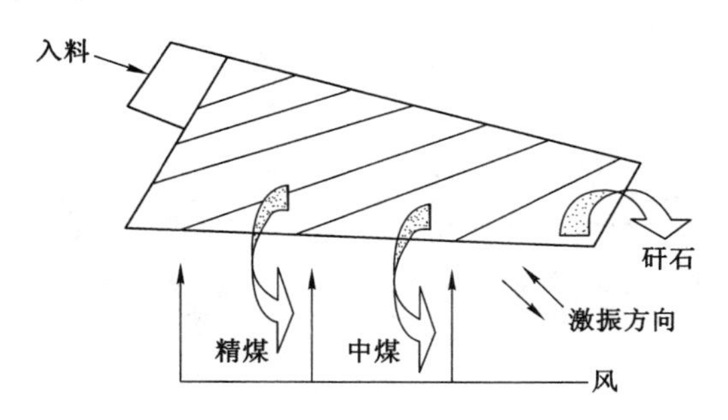

图 2-9 FX 型干选机结构示意图

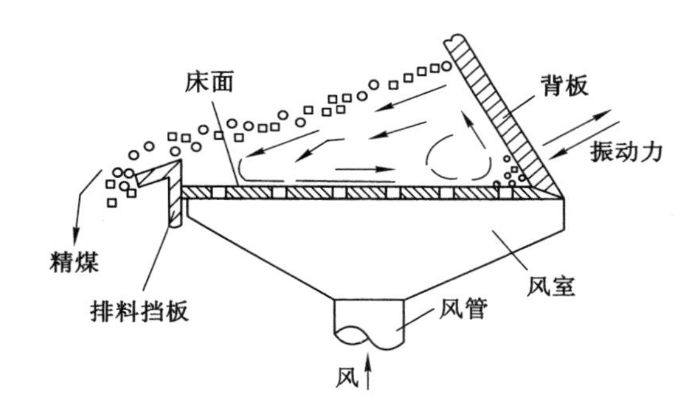

图 2-10 FGX 型干选机结构示意图

日本、加拿大和中国等先后做了关于空气重介质流化床干法选煤方面的研究[32-36]。日本煤炭利用中心成功地用流化床分选粒级大于 13 mm 的块煤，用振动风力摇床分选 13～0.5 mm 细粒级煤，完成了干法选煤的试验项目。1984 年，中国矿业大学选矿工程研究中心开始进行空气重介质流化床干法选煤技术的研究和开发[37-41]，成功研制了两段复合式大压降气体分布器，完成了用于处理 50～6 mm 粒级煤、处理能力为 50 t/h 的空气重介质流化床干法选煤技术的设备及工艺流程的设计，如图 2-11 所示，并在黑龙江省七台河市建成了世界上第一座空气重介质流化床干法选煤工业性示范厂。它以气—固两相流化床作为分选介质，床层密度与分选密度相当，类似于湿法重介质以液—固悬浮液作分选介质。该技术实现了流态化技术在选煤领域中的应用，形成的气—固流化床密度在流化床三维空间达到均匀稳定，颗粒在流化床中受到浮力，其大小等于与该颗粒同体积的流化床质量，即符合阿基米德定律。

对于细粒煤气固流化床干法分选，中国矿业大学骆振福等[42-44]利用空气重介质振动流化床对 6～1 mm 细粒煤进行了分选研究，实验装置主要由 2 000 mm×80 mm×200 mm 振动流化床分选机、供风、除尘等部分组成，如图 2-12 所

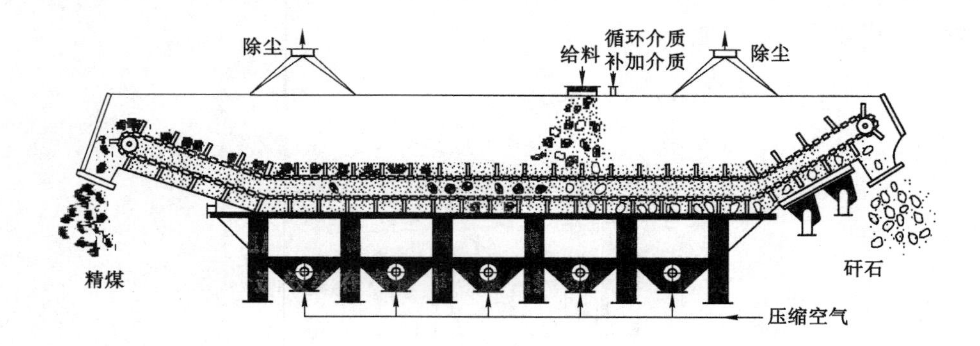

图 2-11　空气重介质流化床分选机结构示意图

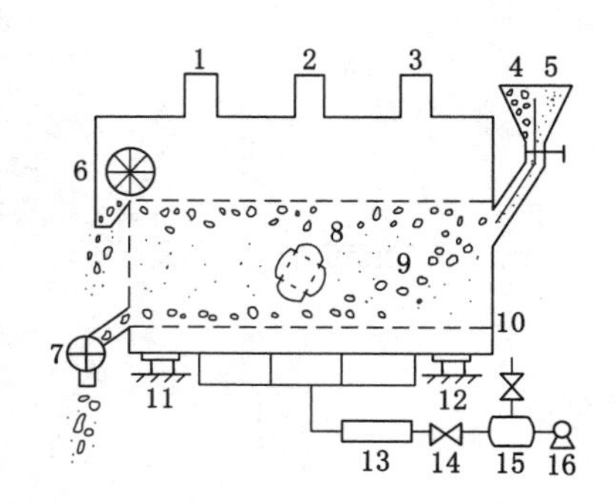

图 2-12　振动流化床分选矿物示意图

1～3——除尘口；4——矿物（煤炭）仓；5——补加固相加重质仓；

6——浮物拨轮；7——沉物拨轮；8——振动电动机；9——流化床体；

10——气体分布器；11，12——橡胶弹簧；13——流量计；

14——阀门；15——风包；16——风机

示。其工作原理是将具有一定粒级的固相加重质颗粒放入分选室，引入振动及气流，使固相加重质流态化，形成具有一定密度的、均匀稳定的微泡流化床（分选介质）。被分选矿物质由入料仓均匀给入分选室，由于振动及补加介质的溢流作用，被分选矿物质逐步分散移动。与此同时，被分选矿物质不断按床层密度分层，密度大者下沉床底，密度小者上浮床面，水平方向的振动力及补加介质的溢流作用使得沉物和浮物连续移向排料端，从而实现同向自动排料，完成对矿物的分选。在矿物分选过程中，不断补加的固相加重质使得流化床层高度保持平衡，为连续分选作业提供了保证。

中国矿业大学章新喜教授等[45]利用振动逆流干法分选机对煤炭进行了分选试验，分选过程无需外加重介质，设备结构如图 2-13 所示。当物料进入分选室时，在气流的作用下，物料流化，低密度物料悬浮在上部，高密度物料聚集在底部，在前端振动电动机的作用下，高密度物料在特殊形状的布风板上向上做周期

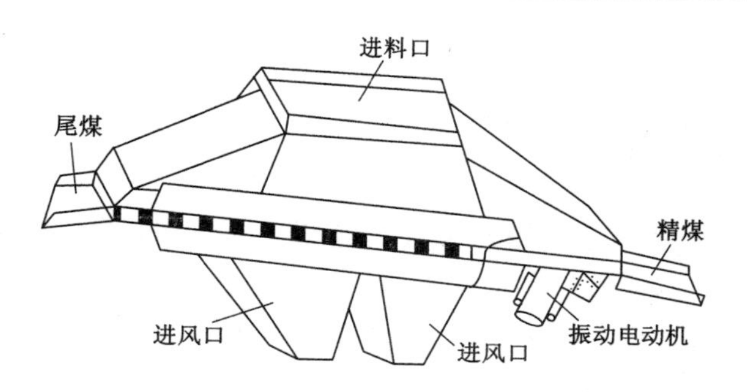

图 2-13 振动逆流干法分选机结构示意图

抛射运动，并逐渐向排料端上移，最终排出分选机；低密度物料则在重力作用下不断下滑排出分选机。该设备结构简单，可有效分选 3～13 mm 粒级煤炭。

以上干法流化床分选技术主要针对 1 mm 以上粒级煤炭进行分选，取得了较好的分选效果，但对于 0.5 mm 以下宽粒级物料在无外加重介质的分选，在国内还鲜有报道。德国亚琛工业大学的 L. Weitkaemper 等[46,47]研制的新型振动流化床“AKAFLOW”模型机在无加重质的条件下实现了对细粒物料的有效分选，其分选原理及设备如图 2-14 所示。物料从床体一侧进入流化室，两组非平衡电动机驱动布风板运动，通过调节排料速率，并通过星形排料阀得到三种重产物，流化床上层物料通过负压收集作为产物排出分选机，其他物料为中间产物，整个装置密闭，粉尘通过布袋除尘机收集。AKAFLOW 分选机的工作长度和宽度分别为 2 400 mm 和 405 mm，分选过程中的布风板运动频率为 4～15 Hz，气流量为 3～7 m^3/h，最大功率为 6.6 kW。根据加入物料的密度不同，该设备的单位宽度处理能力为 5～25 t/h，可有效分选粒度为 0.05～2 mm 的物料。分选实验表明，对灰分为 47.5%的原煤进行分选，可以获得灰分为 9.6%的精煤和

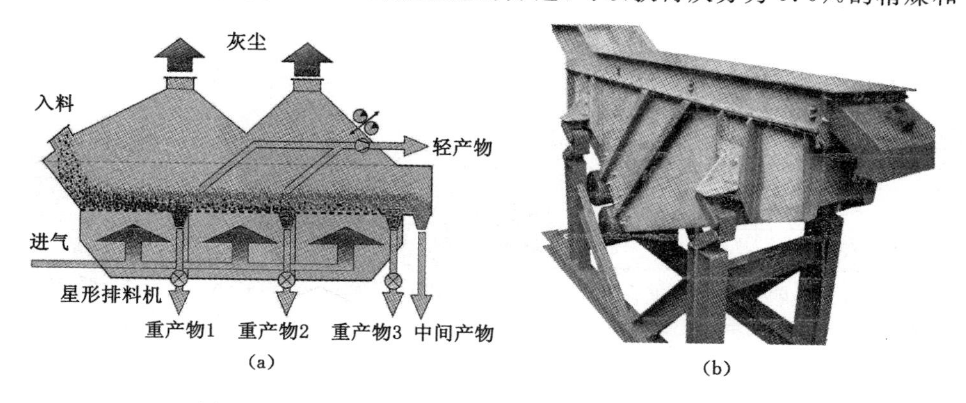

图 2-14 AKAFLOW 振动流化床分选机原理及实物图

(a) 工作示意图；(b) 设备实物图

灰分为40%的尾煤，分选效果显著。

2.3 振动流化床

振动流化床可以解决难流化颗粒的流化问题，并改善流化状态以提高气固接触效率[43,48,49]，它通过在普通流化床中引入振动能量来强化颗粒运动，进而强化传热、传质过程[49]。难流化的颗粒，它们的物理性质差别较大，在振动流化床中的流化特性没有统一的规律。因为振动流化床物性体系的复杂性，对不同操作条件和要实现的目标，振动流化床的流化特性和行为有不同的文献报道。

与普通流化床相比，振动流化床引入能显著改善流化床的流化状态，使起始流化速度降低，E. M. Bratu 等[50]在一维振动方向的振动流化床研究中认为，振动流化床起始流化速度的下降是由于床体振动给床层施加了一个向上运动的力，克服了部分重力，降低了床层的起始流化压降，使床层在较低的气速下开始流化。陈建平等[51]在多维复合振动流化床实验研究中认为起始流化速度的下降是由于振动作用使颗粒间的相对位置重新调整，床层的平均空隙率下降，在相同气速下床层压降增大，而使床层提前进入悬浮状态，而床层起始流化压降基本不随振动条件改变。靳海波等[52]认为振动可使床层的空隙率有明显降低，同时还将振动能量输入给床层的颗粒，在这两种因素的相互作用下，降低了颗粒的起始流化速度，从而提前达到流化状态。文献对振动流化床的起始流化速度提出许多不同的关联式，如表2-3所列。

表2-3　振动流化床起始流化速度关联式

文献	关联式	颗粒特性	振动强度
E. M. Bratu 等[50]	$U_{mfv}=U_{mf}[1-(1+E)K/2\pi j]$ $1\leqslant K\leqslant 4.5, j=1; 4.5\leqslant K\leqslant 10, j=2$ 细颗粒 $E=0$，粗颗粒 $E=1$	A,B	$K=1\sim 10$
V. I. Mushtaev 等[53]	$U_{mfv}=6.9(\rho_s/\rho_g)^{0.632}(1/\eta_g)^{0.33}d_p^{0.88}(1-0.09K)$	B	$K=1\sim 10$
K. Erdész 等[54]	$U_{mfv}=0.8U_{mf}(\Delta p_{mfv}/\Delta p_{mf})^{\frac{2}{3}}$	B,D	$K=0\sim 13$
陈建平[55]	$U_{mfv}-U_{mf}=3.69U_{mf}Ar^{-0.201}(H/d_p)^{-0.259}(K)^{0.308}$	A,B,D	$K=0\sim 10$

注：U_{mfv}——振动流化床起始流化速度；U_{mf}——普通流化床起始流化速度；K——振动强度；H——床层高度；Ar——阿基米德数；Δp_{mfv}——振动流化床起始流化压降；Δp_{mf}——普通流化床起始流化压降；d_p——颗粒直径；j，E——关联系数；ρ_s——颗粒密度；ρ_g——气体密度。

对于振动流化床起始流化压降，李秀芹等[56]用活性炭和阳离子交换树脂在连续式振动流化床上测得床层压降随振动强度的增大而减小，随着床层高度的升高而增大，当操作气速大于起始流化速度时，物料可在较小的床层压降下流化。俞书宏等[57]以陶瓷球、柠檬酸、尼龙 1010 等粉料为流化颗粒，研究振动频率、床层高度、气速等参数对振动流化床床层压降的影响，发现振动的引入降低了床层压降及起始流化压降，对浅床层（$H=25\sim50$ mm），起始流化压降降低 20%～50%；对较深床层（$H\geqslant50$ mm），振动对床层压降的影响减弱；低气速下振动对床层压降的影响比高气速下显著。靳海波等[58]在垂直振动的流化床内，考察了 A、B、D 类颗粒起始流化时的床层压降，测得振动流化床起始流化时的床层压降降低；增加静床层高度，振动对流化床的改善效果明显减弱，高床层时，床层压降下降的幅度比较小；在相同的振动条件下，对大颗粒影响明显减弱，压降下降的幅度小；对密度小的颗粒，压降下降的幅度较大。R. Gupta 等[49]测得在振动条件下压降约降低 35%，随床层增高降低趋势减弱。表 2-4 列出了文献中关于起始流化床层压降的部分关联式。多数文献认为 Δp_{mf} 与振动强度、床层高度和气速有关，也有些文献认为 Δp_{mf} 和 Δp_{mfv} 没有明显区别，流化曲线基本相似。

表 2-4　　振动流化床压降关联式

文献	关联式
E. M. Bratu 等[49]	$\Delta p_{\mathrm{mfv}}=\Delta p_{\mathrm{mf}}K^{-n}, n=0.15+24.17d_{\mathrm{p}}\rho_{\mathrm{p}}$
V. A. Chevilenko 等[49]	$\Delta p_{\mathrm{mfv}}=\Delta p_{\mathrm{mf}}1.967d_{\mathrm{p}}^{-0.11}(H/D)^{0.18}K^{0.51}$
R. Gupta 等[49]	$\Delta p_{\mathrm{mfv}}/\Delta p_{\mathrm{mf}}=1-0.0935(d_{\mathrm{p}}/H)^{0.946}K^{0.606}\Phi^{1.637}$

注：D——流化床内径；Φ——颗粒形状系数。

对于床层的膨胀特性，陈建平[55]的研究表明，低于起始流化速度时，在不同频率的振动条件下，床层会发生不同程度的收缩，而且振动频率越高，床层越被振实。当气速提高到一定值后，不同振动频率下的膨胀曲线将趋于一致，频率对床层的膨胀特性基本无影响。靳海波等[58]测得随振动频率的增加，床层膨胀率随气速提高呈明显增大趋势；在无气体通入时，床层膨胀率随振动频率的升高而降低，到达临界频率时，又随着振动强度的增强而升高。实验测得振动流化床轴、径向空隙率分布比非振动条件下的均匀；振幅越大影响越明显，且随床层高度的增加，振动对床层颗粒的影响也会减弱[59]。

对于床层的鼓泡特性，王亭杰等[60]通过探测流化床和振动流化床的压力脉动信号，分析流化状态与气泡行为，测得普通流化床中气泡信号的响应沿床层高度增强，而在振动流化床中沿床层高度方向减弱，表明振动在整个床层的高度方向上都强化了颗粒运动，抑制了气泡的合并和增大，将气泡中的部分气体挤到乳化相中，形成颗粒与气流间更均匀的气固接触。A. S. Mujumdar 等[61]在二维振动流化床中考察气泡的行为，发现在振动频率较低时，气泡频率与振动频率同步。在床高为 100 mm 的玻璃细珠($d_p=500\ \mu m$)床层中，气速略低于 U_{mf}时，没有气泡合并现象，随着振动频率的增大，气泡的释放显得不规则，形成大的球盖形气泡，随着振动强度的增大，气泡变大。因此，适当地选择气速和振动强度，在流化床中可能形成气流与颗粒高度混合的“乳化相”，形成理想的气固接触状态。Eccles 等[49]考察了振动流化床中床层共振对气泡行为的影响。在共振点，气泡尺寸达到最大值，为无振动时的 215%，气泡上升速度和频率达到最小值，比无振动时的小 75%。

2.4　流化床中颗粒的分级

通过分析具有不同物性（密度和粒度）两种颗粒的简单情况，P. N. Rowe 等[62]对两组分颗粒系统最先提出“jetsam”（沉积组分）和“flotsam”（浮升组分）这两个术语，并得到了广泛的承认和应用。一般认为大或重的颗粒沉积在床层下部，称为沉积组分；而小或轻的颗粒容易上浮到床层顶部，称为浮升组分，多组分颗粒系统也具有同样的趋势[63]。

对于颗粒密度分别为 ρ_{p1} 和 ρ_{p2} 的两种颗粒，当被密度为 ρ_f 的流体流化时，床层孔隙率分别为 ε_1 和 ε_2，则两种颗粒的床层密度 ρ_{B1} 和 ρ_{B2} 分别为：

$$\begin{cases}\rho_{B1}=(\rho_{p1}-\rho_f)(1-\varepsilon_1)\\ \rho_{B2}=(\rho_{p2}-\rho_f)(1-\varepsilon_2)\end{cases} \tag{2-1}$$

分级的根本原因在于不同物性的颗粒被流体流化时产生不同的床层密度，因此能够出现分级的必要条件为[64] $\rho_{B1}\neq\rho_{B2}$。如果 $\rho_{B1}>\rho_{B2}$，则组分 1 颗粒为沉积组分，组分 2 颗粒为浮升组分。反之，则组分 2 颗粒为沉积组分，组分 1 颗粒为浮升组分。

根据颗粒在流化床内的三级分布理论[44]，粒度 d_1、密度 ρ_1 的颗粒和粒度 d_2、密度 ρ_2 的颗粒的自由沉降等沉比 e_0 为：

$$e_0=\frac{d_1}{d_2}=\frac{\rho_2-\rho_a}{\rho_1-\rho_a}\approx\frac{\rho_2}{\rho_1}>1 \tag{2-2}$$

式中　ρ_a——空气密度。

① 若 $\rho_2>\rho_1$，且 $d_1/d_2<e_0=\rho_2/\rho_1$，即满足 $d_1<d_2\rho_2/\rho_1$ 的颗粒，由于颗粒在床层中是干扰沉降，而干扰沉降等沉比如果恒大于自由沉降等沉比，当颗粒进入床层后被悬浮托起，处于流化状态，它们同时将按干扰沉降分层。由于 d_1/d_2 小于密度为 ρ_2 和 ρ_1 的颗粒应具有的自由沉降等沉比，故它们的干扰沉降末速不同，粒度 d_1、密度 ρ_1 的轻颗粒的干扰沉降末速小于粒度 d_2、密度 ρ_2 的颗

粒的干扰沉降末速，从而导致满足 $d_1 < d_2\rho_2/\rho_1$ 的轻颗粒将分布在上层，亦即相对而言它们属于细而轻的粒群。显然，这种颗粒在床层中并非按床层密度分层，是由其粒度和密度共同决定的，称之为 a 类入料。令加重质的密度为 ρ_s，直径为 d_s，对于细粒煤的入选，令 $e'_0 = \rho_s/\rho_p$，则因 $\rho_s > \rho_p$，故若 $d/d_s < e'_0$，即 $d < d_s\rho_s/\rho_p$，就可判断入料属 a 类入料，其干扰沉降末速小于加重质的干扰沉降末速，这类入料将分布在上层，而同时分布在上层的入料的粒度组成与其密度组成有关，即 ρ_p 越大，则 d 就越小；ρ_p 越小，则 d 就越大。可见，这类细而轻的煤粉在床层中的分布不是按床层密度进行的。

② 若 $\rho_2 > \rho_1$，且 $d_1/d_2 \gg e_0$，即粒度 d_1 和 d_2 的颗粒的干扰沉降等沉比足够大于密度为 ρ_1 和 ρ_2 的颗粒的自由沉降等沉比 e_0，这类颗粒粒度相差较大，密度 ρ_1 小、粒度 d_1 大的颗粒在床层中的浮沉取决于密度 ρ_2 大、粒度 d_2 小的颗粒形成的床层密度，即相当于粗粒在高密度细粒形成的流化床中的重介作用分层。这里，入料属粗粒，将受到床层整体密度的重介浮力作用并按床层密度分层，这与前面提出的观点相一致，此类入料中的最小粒度即为分选下限。

③ 若 $\rho_2 > \rho_1$，且 d_1/d_2 介于上述两种情况之间，这类颗粒在床层中的分布没有规律性。这里，当入料进入床层后将与加重质一起干扰沉降(因为它们既不属于细而轻的颗粒，又不属于粗粒)，它们的干扰沉降末速与加重质的干扰沉降末速相等或相近，其粒度与密度介于上述两类之间，加上在流化床中由于气流作用而产生的加重质的返混影响，此时，入料与加重质混杂在一起，成为等沉颗粒。此类入料在床层中将不发生分层分级，可与加重质均匀地混合，称之为 b 类入料。

三级分布理论针对重介质分选给出了很好的理论解释并应用于工业型空气重介质分选工艺，但无外加重介质时的细粒煤在流化床中的分级只能由气固两相流动模型来解释。

2.5 两相模型

两相模型(two-phase model)是以系统内的两相不均匀结构为核心，将整体流动分解为颗粒聚集的密相和流体聚集的稀相，分析稀相和密相的流动行为以及两相之间的相互关系，引入反映两相相互作用的相间参数，建立耦合两相动力学参数和相间参数的模型。

Toomev 和 Jobnstone 最早提出了两相模型的理论[49]，将鼓泡流化系统分解为乳化相(密相)和气泡相(稀相)组成的混合物，假定超过最小流态化速度以上的气体都以气泡形式通过床层，而颗粒聚集于保持在最小流化状态下的乳化相中，密相为连续相，稀相为分散相。1961 年，J. F. Davidson[65] 建立了描述鼓泡流化床中气泡行为的 Davidson 模型，该模型成功地说明了上升气泡周围气体和固体的运动以及压力分布，J. R. Grace 和 R. Clift[66]则用两相模型分析了流体在气泡相和乳化相间的分配。

李静海等[67,68]和 E. U. Hartge 等[69]分别建立了描述循环流化床中颗粒流体两相流流体动力学规律的两相模型。他们根据循环流态化的流动结构特征，将流动系统分解为团聚物相（密相）和稀相，两相的运动特征由各相内的颗粒浓度、气固速度来描述。E. U. Hartge 等[69]推导建立了质量守恒方程和速度关系方程，稀相和密相的局部气固滑移速度采用 Richardson-Zaki 公式[70]与终端速度关联，结合实验结果分析了循环流化床中的局部流动结构。李静海等[67,68]采用多尺度分析方法对系统进行动量和质量守恒分析，并运用能量最小原理提出了实现模型封闭的稳定性条件，建立了能量最小多尺度（Energy-Minimization Multi-Scale，EMMS）模型。EMMS 模型可用于定义流型过渡[68]，计算局部不均匀流动结构[68]、饱和夹带量[71]、轴向[72]和径向[73]空隙率分布。

（1）系统分解

颗粒流体系统可分解为稀相和密相（团聚物相）两个子系统，除分析这两个子系统中颗粒流体相互作用外，还需分析两个子系统之间的相互作用。这样分解系统后，系统状态要由以下八个变量来定义：

稀相和密相空隙率：ε_f，ε_c；

稀相和密相中流体速度：U_f，U_c；

稀相和密相中颗粒速度：U_{pf}，U_{pc}；

团聚物（密相）尺度和份额：d_{cl}，α。

属于稀相的变量有 U_f、U_{pf}和 ε_f 三个变量；属于密相的变量有 U_c、U_{pc}、ε_c、α 和 d_{cl} 五个变量，由于两相结构的存在，稀相和密相中的颗粒流体相互作用差别很大，并且两相之间存在大尺度的相互作用，整个系统和边界之间存在更大尺度的相互作用。因此，颗粒流体系统中存在三种尺度的作用，如图 2-15 所示。

微尺度是在单颗粒与流体之间的作用，在稀相中，流体对单颗粒的微尺度作用力的数学表达式为：

$$F_f = C_{Df}\frac{\pi d_p^2}{4}\frac{\rho_f}{2}U_{sf}^2 \tag{2-3}$$

式中 C_{Df}——稀相内颗粒曳力系数；

U_{sf}——稀相表观滑移速度；

ρ_f——流体密度；

d_p——颗粒直径。

同样，在密相中该作用力为：

$$F_c = C_{Dc}\frac{\pi d_p^2}{4}\frac{\rho_f}{2}U_{sc}^2 \tag{2-4}$$

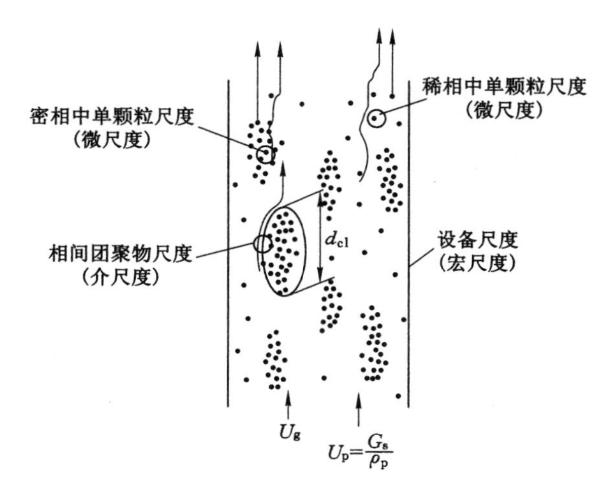

图 2-15 颗粒流体系统中各尺度的相互作用

式中 C_{Dc}——密相内颗粒曳力系数；

U_{sc}——密相表观滑移速度。

介尺度是稀相和密相之间的作用，假设密相以颗粒团聚的形式存在，稀相颗粒对密相的作用可不计，则这一作用力可表达为：

$$F_i = C_{Di}\frac{\pi d_{cl}^2}{4}\frac{\rho_f}{2}U_{si}^2 \tag{2-5}$$

式中 C_{Di}——相互作用相团聚物曳力系数；

U_{si}——稀密两相滑移速度；

d_{cl}——颗粒团聚物当量直径。

宏尺度是整个颗粒流体系统与其边界的相互作用，包括系统的边壁、入口和出口形状等。由于这一作用，系统中出现流动状态的空间分布。这一作用相当于拟流体模型的边界条件，目前还很难有确定的定量表达。

(2) 能量分析

非均匀颗粒流体系统中，除悬浮和输送颗粒消耗能量外，颗粒碰撞、加速、摩擦和湍动等因素也会引起能量的耗散。相对于单位质量的颗粒，系统消耗的总能量为：

$$N_T = \frac{\Delta p U_g}{(1-\varepsilon)\rho_p \Delta L} \tag{2-6}$$

式中 U_g——表观速度；

ε——床层孔隙率；

ΔL——床层相邻两点高度差。

N_T还可表达为悬浮与输送颗粒消耗的能量 N_{st}和由于颗粒加速、循环和碰

撞等过程耗散的能量 N_d 之和，即

$$N_T = N_{st} + N_d \tag{2-7}$$

N_{st} 又可分解为悬浮能耗 N_s 和输送能耗 N_t，即

$$N_{st} = N_s + N_t \tag{2-8}$$

其中，

$$N_t = \frac{gG_s}{(1-\varepsilon)\rho_p} \tag{2-9}$$

式中 G_s——颗粒质量流率；

g——重力加速度。

事实上，总的耗散能量应为 N_d 和 N_s 之和，而 N_{st} 可以表达为单位质量颗粒所占体积内稀相、密相和稀密两相相互作用消耗的悬浮输送能量的总和，即

$$N_{st} = \frac{1}{(1-\varepsilon)\rho_p}\left[m_c F_c U_c \alpha + m_f F_f U_f (1-\alpha) + m_i F_i U_f (1-\alpha)\right] \tag{2-10}$$

式中 α——密相体积分数；

m_c——单位体积密相内颗粒个数；

m_f——单位体积稀相内颗粒个数；

m_i——单位体积内团聚物个数。

孔隙率和密相体积分数的关系可由物料平衡得到，即

$$\varepsilon = \alpha\varepsilon_c + (1-\alpha)\varepsilon_f \tag{2-11}$$

通过以上的系统分解和多尺度分析可知，系统内的颗粒流体相互作用可以通过稀相、密相和相互作用相三个子系统对应的曳力系数来计算，从而将聚式不均匀系统的计算简化为三个子系统的计算。

2.6 流体动力学数值模拟

由于颗粒流体两相流的复杂性和研究者采用方法的不同，模拟颗粒流体两相流的流体动力学模型有很多，目前还没有一个统一的分类方法，常见的有两种分类方法。一类是经验或半经验模型，另一类是依据对颗粒流体系统内非均匀流动结构的认识，通过对系统进行适当的分解建立机理模型。例如经典的两相模型以及描述提升管内两相流动的团聚物扩散模型[49]、环核模型(core-annulus model)[74-76]等。

但是，上述两类模型只能用来描述两相流中某些参数的时间平均行为，而详细的流场信息及随时间变化的动态行为的分析则需要借助于计算流体力学(Computational Fluid Dynamics，CFD)模型。计算流体力学模型一般以 Navier-Stokes 方程为基础，结合质量、动量和能量守恒规律，建立气固两相的流体力学

方程组，再加上必需的本构方程即可对模型进行封闭求解[77,78]。随着两相流理论研究的深入和计算机的快速发展，计算流体力学在颗粒流体两相流的研究中得到了日益广泛的应用。

计算流体力学模型一般将颗粒流体两相流动系统分解为流体相和颗粒相，根据对两相的离散化和连续化处理方法不同，颗粒流体两相流的计算流体力学模型可分为双流体模型、颗粒轨道模型和拟颗粒模型等三类。双流体模型（two-fluid model）将颗粒相处理为类似流体的连续相；颗粒轨道模型（particle-trajectory model）将流体相处理为连续相，颗粒相处理为离散相；而拟颗粒模型（pseudo-particle model）将颗粒相和流体相都处理为离散相，其中应用较多的是双流体模型。

双流体模型（two-fluid model）将颗粒相看成是连续相来研究，又称为连续介质模型（continuum model）或拟流体模型（pseudo-fluid model）。等温颗粒流体系统的双流体模型中，颗粒相方程组具有与气相方程组相同的形式，因而颗粒相应具有类似气体的黏度和压力。如何描述颗粒相黏度和压力是封闭双流体模型的一个关键问题，D. Gidaspow[79]忽略颗粒相黏度，预测了鼓泡流化床的流体力学行为。Y. P. Tsuo 和 D. Gidaspow [80]根据实验测定将颗粒相黏度取为常数，对循环流化床的流型进行了计算，所得计算结果与高速摄影图像及径向颗粒速度和浓度的测量结果一致。J. Ding 和 D. Gidaspow[81]基于稠密气体动理学理论（kinetic theory of dense gases）提出颗粒动理学理论模型（kinetic theory model）。该模型以颗粒速度分布的玻尔兹曼（Boltzmann）积分微分方程为基础，将一般的热温度（thermal temperature）替换为颗粒温度（granular temperature）。颗粒温度是颗粒脉动速度的量度，可由脉动能量方程（fluctuating energy equation）从理论上求出，固相黏度和压力等流体力学特性参数则为颗粒温度的函数。采用这种方法，J. Ding 和 D. Gidaspow[81]成功地预测了二维流化床中单气泡的形成、长大和发展过程。

CFD 的应用，不外乎表现在基础研究和计算机辅助设计等应用研究两个方面。可用它研究流体力学现象、机理，探索新概念、新规律，研究如何减阻增升、如何以最小的代价实现对流体的有效控制，研究流体的动力学、热力学行为和周围环境影响效应等。CAD 和 CAE（计算机辅助工程）结合，可用于概念设计、初始结构设计、结构优化设计等，用 CFD 可以较快地进行技术可行性分析，多方案的优选。在方案的设计阶段，CFD 是优化设计的理想工具，如关键零部件及重要部位的外形优化设计、综合优化设计等。但 CFD 的真正发展也就半个多世纪，虽然在 20 世纪初就开始提出并建立有关流体动力学基本方程和数值求解的数学方法和理论，但随着计算机本身的发展，到 20 世纪 60 年代后期才开始有实际意义的发展。到今天，各种优秀的数值计算方法，如 MacCormack、Beam-

Warming、Lax-Wendroff、Godunov、TVD、NND、ENO 等成为计算空气动力学领域的主导方法[82-87]，SIMPLE、SIMPER、SIMPLEC 等算法成为不可压缩流的流动与传热问题的基本算法。近年来，这些数值方法取得了很大的进展，如古老的有限差分正在焕发青春，取得了关键性突破。A. Harten 等提出的 TVD 格式及其各种改进格式[88-93]，在克服数值耗散引起的光滑抹平效应和数值频散引起的寄生数值振荡问题上取得了巨大的进展，并在除空气动力学领域之外的其他许多领域得到广泛应用；多重网格（MG）和预处理共扼梯度法（PCG）的应用[94-100]，加速了数值解的收敛性；迎风有限元法、高分辨率有限元法的实际应用，取得了空前的创新；块结构化、非结构化、结构/非结构组合等新型网格生成技术，网格局部加密、自适应网格技术等在处理复杂边界方面得到了非常广泛的实际应用。

2.7 本章小结

本章内容介绍了流态化的起源、理论发展及工业应用现状，介绍了国内外流态化分选技术的发展和相关技术，并重点阐述了双流体模型和计算流体力学模型，在众多学者研究的基础上阐述了流化床分选技术的发展方向，以此来指导本课题研究的内容和方向。

3 实验研究系统

3.1 实验系统

根据电厂磨煤机分离器返料的各种特性，如粒度、形貌、密度等，笔者自行设计了针对微细粉物料进行分选过程动力学研究的振动流化床分选实验系统。实验系统组成结构如图 3-1 所示。流化床体由有机玻璃板制作，尺寸为 250 mm×125 mm×300 mm。该系统由供风装置和分选装置组成，其中供风装置包括罗茨鼓风机、空气过滤包、转子流量计和风阀等，分选装置包括气固流化床、给料机、振动电动机、U 形压差计等。实验系统工作时，由罗茨鼓风机供风，气流通过转子流量计调节经管路进入流化床底部的风室，再通过布风板均匀进入物料床层。床层流化过程中，使用 U 形压力计测定并记录床层压降，振动力场通过振动电动机引入，振动频率可调。

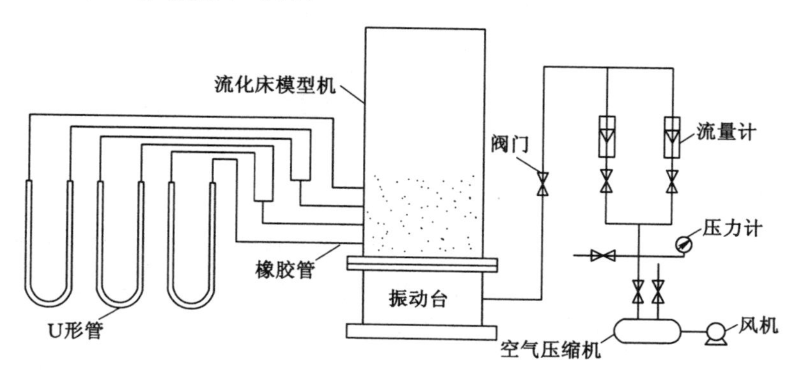

图 3-1 流化床模型实验系统示意图

3.2 实验物料

在本书中，为了更准确地研究各种试验参数对分选过程的影响，以及采样物料在稀相振动气固流化床内的颗粒运动动力学行为和按密度及粒度分级过程，在实验过程中采用对示踪颗粒和实际采样物料即磨煤机分离器返料分别进行流化特性和分选特性实验的方法，为后面建立颗粒分层数学模型及解释颗粒分离机理做好准备。

3.2.1 磨煤机返料

为了使研究结果贴近燃煤电厂实际生产环境，对电厂磨煤机分离器返料的分选和电厂生产具有较好的指导意义，本书实验对目前国内应用广泛的中速磨煤机分离器返料进行实地采样，采样对象为大唐集团某电厂的 ZGM95 型中速磨煤机，开拓性地在国内首次对该型磨煤机分离器进行开孔采煤，并进行在线取样，以保证物料来源的可靠性和研究结果的实用性，为后面的工业方案提供真实的研究数据和结果分析。采样点如图 3-2 所示，采样过程如图 3-3 所示。

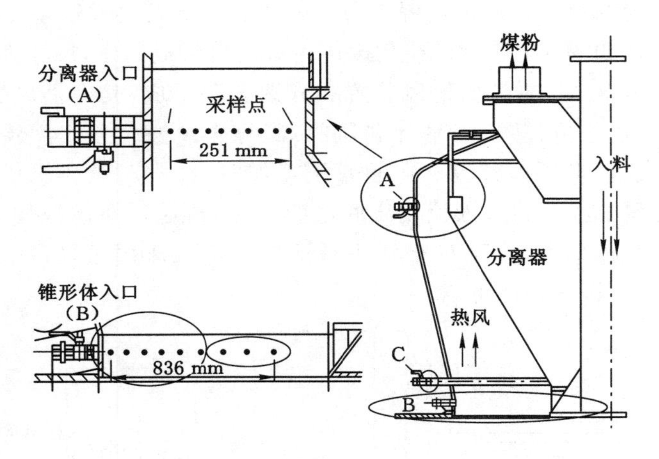

图 3-2 磨煤机采样点设置

实验物料来自于大唐煤电集团某发电厂的 ZGM95 型磨煤机分离器返料，在图 3-2 中，A 点所采样品为即将进入煤粉管道和分离器的煤粉，B 点所采样品为磨盘上被热风吹起的所有煤粉，C 点所采样品为进入煤粉管道后的不合格煤粉，即本书的研究对象：分离器返料。由工业分析可知，采样物料灰分为 48.62%，硫分为 1.92%。称取物料 150 g，使用 Retsch 公司的 AS-200 自动筛分仪和标准套筛对物料进行筛分试验，物料的粒度组成如表 3-1 所列。从表中可以看出，物料粒度基本在 0.5 mm 以下，其中主导粒级为 0.125～0.25 mm、0.25～0.5 mm 和 0.063～0.125 mm 三个部分，所占百分比例分别为 62.98%、14.38%和 11.52%，0.063 mm 以下部分为 10.61%，即－0.125 mm 粒级微粉煤的百分含量占到 22.13%。

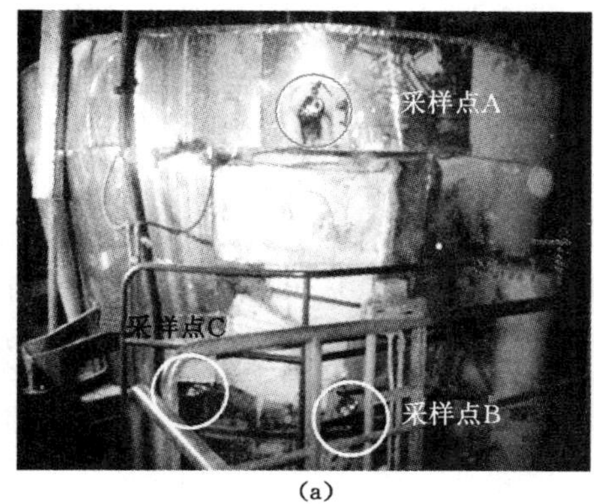

(a)

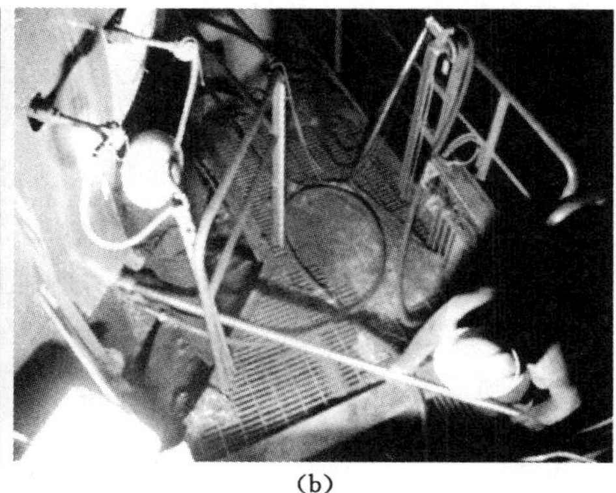

(b)

图 3-3 现场磨煤机开孔采样点和采样过程

(a) 开孔采样点;(b) 采样过程

表 3-1 物料粒度组成

粒度/mm	>0.5	0.5～0.25	0.25～0.125	0.125～0.063	0.063～0.045	<0.045	合计
质量/g	0.77	21.58	94.46	17.27	14.27	1.65	150.00
百分比/%	0.52	14.38	62.98	11.52	9.51	1.09	100.00

各粒度级和各密度级物料的灰分和硫分如表 3-2 和表 3-3 所列。

表 3-2 物料各粒度级灰分和硫分

粒度/mm	>0.5	0.5～0.25	0.25～0.125	0.125～0.063	0.063～0.045	<0.045
灰分/%	48.33	48.45	48.96	48.72	47.45	47.58
硫分/%	2.52	2.57	2.02	1.43	1.46	1.02

表 3-3 物料各密度级灰分和硫分

密度/(g/cm^3)	<1.3	1.3～1.4	1.4～1.5	1.5～1.6	1.6～1.8	>1.8
灰分/%	5.31	11.48	22.85	34.12	43.58	87.65
硫分/%	1.42	1.48	1.29	1.33	1.43	9.65

从表 3-2 可以看出:各粒度级物料的灰分相差不大,0.25～0.125 mm 粒度级物料灰分值最高,为 48.96%;0.063～0.045 mm 粒度级物料灰分最小,为 47.45%。从硫分可以看出,随着粒度减小,物料含硫量也随之减小,0.5～0.25 mm 粒度级物料硫分最高,达到了 2.57%。对于各密度级物料,显然随着密度升高,灰分值也随之升高,大于 1.8 g/cm^3 物料组分含硫量最高,达到了9.65%。

可见硫元素主要集中在大颗粒和高密度组分中，因此，去除较大颗粒中的高密度组分对磨煤机返料的脱硫降灰效果至关重要。

各粒度级物料的密度组成如表 3-4 所列。从表中可以看出，该物料的密度组成比较复杂：0.5～0.125 mm 粒级物料主要集中在小于 1.5 g/cm³和大于 2.0 g/cm³部分，－0.125 mm 粒级物料则主要集中在大于 1.3 g/cm³的部分。各粒级中大于 2.0 g/cm³的部分百分含量均在 20%以上，其中 0.25～0.125 mm 和 0.125～0.063 mm 粒级组分分别达到 36.69%和 33.69%，可见，更细的部分中，即微粉煤中高密度物质占主要部分。

表 3-4　　物料各粒度级密度组成

密度级 /(g/cm³)	粒度级/mm				
	0.5～0.25	0.25～0.125	0.125～0.063	0.063～0.045	<0.045
<1.3	17.16	8.16	0.78	1.16	1.27
1.3～1.4	16.64	16.07	4.40	19.74	13.94
1.4～1.5	15.50	19.85	15.62	21.59	20.97
1.5～1.6	9.56	7.62	19.16	11.67	18.04
1.6～1.8	15.14	5.92	16.11	14.58	18.62
1.8～2.0	5.10	5.69	10.44	6.66	7.26
>2.0	20.90	36.69	33.49	24.60	19.90
合计	100.00	100.00	100.00	100.00	100.00

综上所述，根据 Geldart 的颗粒分类(图 3-4)，分离器返料属于 B 类物料，即颗粒粒径在 40～500 μm 之间，颗粒密度范围大致为 1.4～4 g/cm³之间。对于这类物料，当气速稍高于初始流态化速度时就会有气泡产生；床层膨胀很小；当气源突然切断时，床层迅速塌落；气泡上升速度高于颗粒间气体速度；气泡尺寸随床高度与气速呈线性增加；气泡只是聚并且很少破裂，浓相气体的返混较少，气泡与浓相间的气体交换也较少[49]。

水分对于气固流化床的工作是不利因素，当水分达到一定值，颗粒之间会发生团聚现象，从而影响气固两相流的流变特性，导致床层不稳定，影响物料按密度分层过程[101,102]。由于磨煤机内部温度高达 100～200 ℃，在这种环境下，分离器返料颗粒表面几乎不含水分，经测定，分离器返料含水 0.046%。不同粒级实验物料在 FEI Quanta 250 环境扫描电子显微镜(SEM)下进行观察得到的照片如图 3-5 所示。从照片可以看到，只有少量的极细颗粒因静电吸附在煤粒破碎后的断面上，颗粒之间没有因表面含水而发生团聚现象，这为流化床干法分选创造了有利条件。

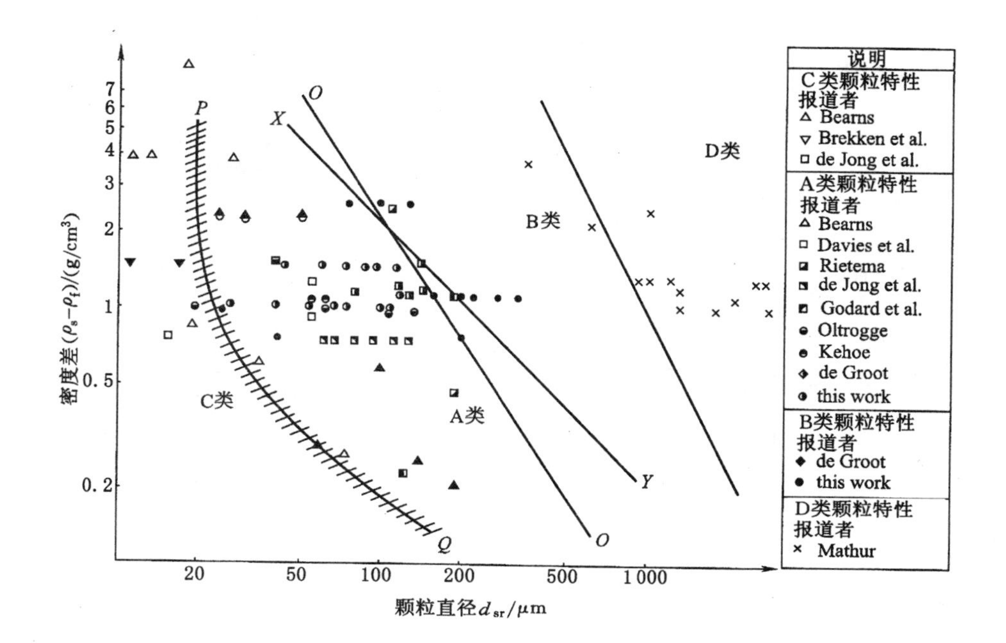

图 3-4 Geldart 的颗粒分类

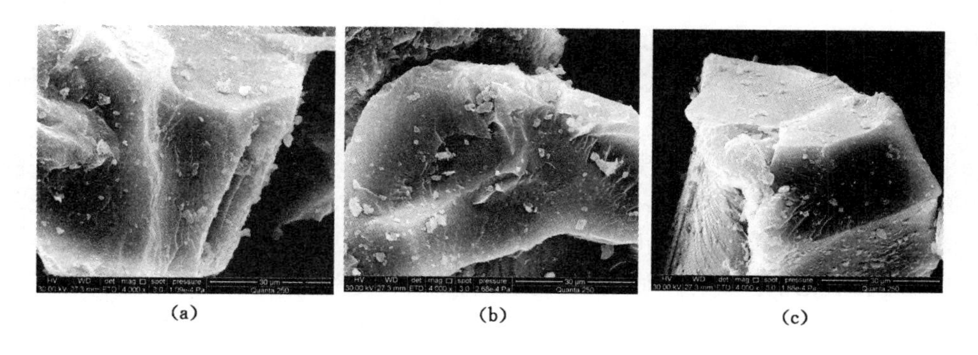

图 3-5 不同粒级物料单颗粒 SEM 照片(4 000 倍)

(a) 0.25～0.125 mm 颗粒;(b) 0.125～0.063 mm 颗粒;(c) 0.063～0.045 mm 颗粒

图 3-6 为分离器返料的 X 射线衍射(XRD)分析图。从图中可以看出,物料中除了煤以外,还含有大量的其他矿物质组分,包括石英、高岭土及黄铁矿等。可见,磨煤机返料中的硫元素不仅来自于与煤伴生的有机硫,还包括矿物质无机硫。去除这部分无机硫,即黄铁矿,将对降低返料的硫分,减缓磨辊的磨损有重要作用。

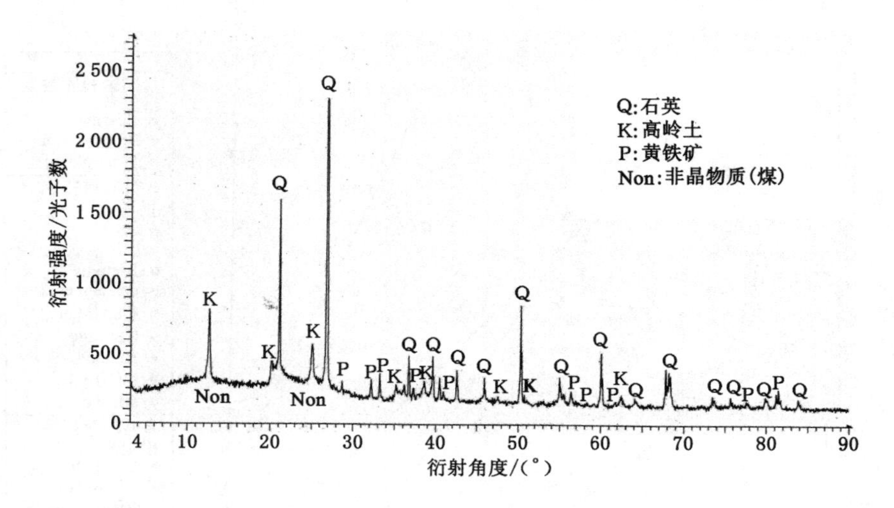

图 3-6　样品 X 射线衍射图谱

3.2.2　示踪颗粒

从前面对电厂磨煤机分离器返料采样物料的分析可知，实际物料粒度较细，而且粒度和密度分布较宽，这对于研究分选实验过程中颗粒运动规律和颗粒运动动力学模型的建立带来了很大的难度。为了更准确地观察和研究分离器返料在稀相振动气固流化床中的运动规律及按密度进行分离的过程和机理，本书在模拟实验和研究颗粒按密度分离机理的过程中选择与实际物料有着相似密度和粒度组成的模拟物料，即示踪颗粒来代替实际采样物料。

在基础研究实验过程中，由于不同密度的标准球形颗粒不会受形状因素的影响，其转动惯量可以忽略不计，因此球形颗粒对理论研究的准确性、可靠性和计算方便性都具有很大的优势。本书基础实验研究中的示踪颗粒选择橡胶珠、玻璃珠和氧化铝珠三种不同密度的微珠材料，平均密度分别为 1.3 g/cm^3、2.4 g/cm^3 和 3.9 g/cm^3，平均粒径分为 0.5 mm、0.25 mm 和 0.125 mm 三种。

3.3　检测设备及实验室配置

在本书研究中，实验过程的监测和实验结果的快速检测对于颗粒运动动力学模型的建立，以及及时指导并优化实验过程有着重要的意义，而快速准确的分析与检测，特别是准确标定分选实验前后磨煤机分离器返料中黄铁矿等有害矿物的含量变化等参数，和对物料在稀相振动气固流化床中的流场进行准确的模拟，都离不开性能先进的现代化分析与计算设备。本书实验和分析依托中国矿业大学化工学院教育部重点实验室和中国矿业大学现代分析与计算中心，实验结果的分析与检测主要使用该中心各种先进的仪器设备进行。

3.3.1 分析与计算设备

(1) 颗粒高速动态拍摄系统

在研究过程中,使用日本奥林巴斯(OLYMPUS)公司的颗粒高速动态分析系统i-SPEED3(图 3-7)对被分选颗粒在振动流化床流场中的运动规律进行拍摄分析。该颗粒高速动态分析系统最高拍摄速度为 150 000 帧/秒,分辨率为 2 000帧/秒时 1 280×1 024。对拍摄的图像用颗粒高速动态分析系统配套专用的i-Speed Control Pro 分析软件对颗粒进行追踪,可对颗粒运动的速度、加速度、位移、动量等参数进行分析,研究物料在振动流化床流场中的运动规律和按密度分离的机理。

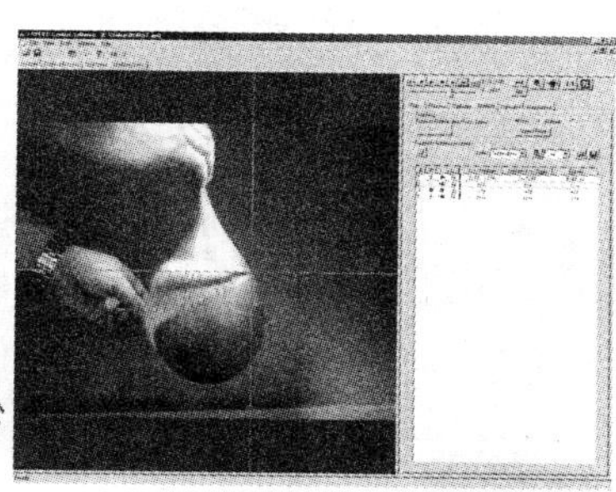

图 3-7 奥林巴斯 i-SPEED3 高速动态分析系统

(2) 自动筛分仪

本书使用德国莱驰(Retsch)公司生产的 AS200 型自动筛分仪(图 3-8)对实验物料进行粒度分析,该筛分仪采用电磁驱动动力,能产生三维的抛掷运动效果,使得筛分物能均一分布在整个筛分截面上,能在较短的时间内产生更高的分离精度。另外,该筛分仪可与电子天平和电子计算机连接,自动记录筛分前后各层筛上物质的量,并通过自带的分析软件给出筛分物料的粒度分布曲线及累积粒度曲线等,保证了物料粒度分析的准确性和可靠性。

(3) 扫描电子显微镜和能谱仪

本书使用美国 FEI Quanta 250 环境扫描电子显微镜和德国 Bruker QUANTAX400-10 电制冷能谱仪(图 3-9)对物料进行分析,两种仪器的联合使用可以观察物料表面形貌、精确测量颗粒尺寸、分析物料团聚情况及矿物质分布,对物料分选效果进行快速的整体评价。

(4) X 射线衍射仪和 X 射线荧光光谱仪

本书使用德国 Bruker D8 Advance X 射线荧光光谱仪(图 3-10)对物料进行物相分析,可对入料和产物中的矿物质成分进行物相定性,对流化床分选的产物

图 3-8　自动筛分系统

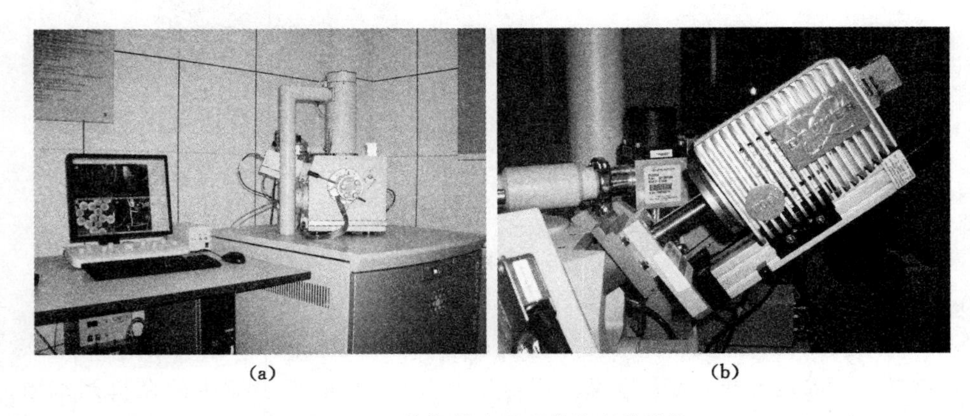

(a)　　(b)

图 3-9　环境扫描电子显微镜和能谱仪
(a) 环境扫描电子显微镜；(b) 能谱仪

脱硫分选效果进行准确评价。使用德国 Bruker S8 TIGER X 射线荧光光谱仪(图 3-11)对物料进行元素分析，可对物料中的矿物质元素进行精确定量，快速且准确地得到各分选产物中的硫、铁、钙、镁、硅、铝等矿物质元素的含量，对流化床分选效果进行精确评价。

(5) 高性能计算机

使用曙光公司 5 000 A 系列的高性能计算机(HPC)系统(图 3-12)对分选试验过程进行模拟计算，可快速得到模拟结果，验证并指导分选试验。

3.3.2　分析与计算软件

(1) 实验设计软件

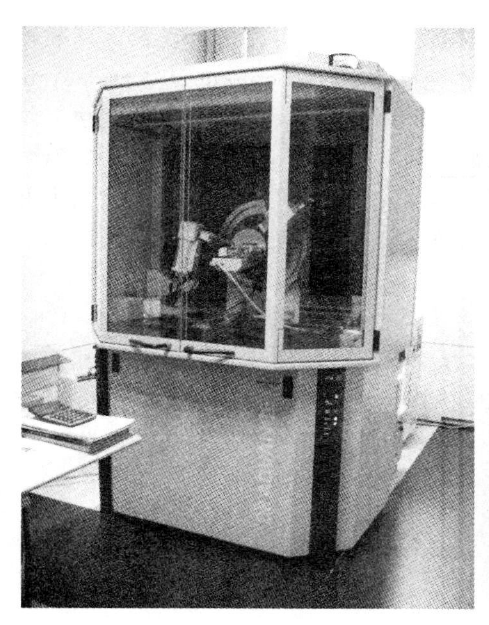

图 3-10 X 射线衍射仪

图 3-11 X 射线荧光光谱仪

图 3-12 高性能计算机

本书通过 Design-Expert 8.0 实验设计软件对相关实验进行设计。该软件是目前使用最广泛的实验设计软件之一，它包含 Box-Behnken、Central Composite 等方法，可列到 10 个因素。其中，Response Surface Methods 可提供三维图形观察，找出品质的关键；交谈式的二维图形可以观察等高线图，预测其特性，提供三维图形，可以观察响应曲面，以求得最佳化值，也可以旋转到任何角度并观察其变化。本书实验采用 Response Surface 模块对实验进行设计、计算和优化。

(2) 计算流体动力学软件

本书使用 Ansys Fluent 14.5 流体动力学系统对振动流化床气固两相流流场进行模拟，模拟颗粒在流化床内的运动、不同密度和粒度颗粒的分布以及气相和固相之间的相互作用，对实验过程中的一些现象及结果进行模拟、验证和补充。

3.4 本章小结

本章介绍了自行设计的实验室振动气固流化床系统模型机的结构、组成和工作原理，以及实验系统各部件的联系。介绍了实验研究中所使用的模拟物料和实际物料的性质、分类，实验的分析记录系统也在此得以阐述。另外，本章还介绍了本书实验所用到的先进的分析与计算设备和软件，对涉及的仪器设备的性能及用途作了介绍。这些基础条件为研究的深入和准确性提供了有力保障。

4 稀相振动气固流化床分选理论研究

从动力学角度分析，颗粒在稀相流化床中的分离过程基于的是不同颗粒的受力差异而造成的运动方向不同。不同颗粒在流化床中的动力学研究对于细粒物料在其中的分选有重要意义。本章将研究颗粒在稀相振动气固流化床中的受力情况，并在此基础上建立球形颗粒在流化床中运动轨迹的动力学模型，为研究颗粒在稀相振动气固流化床中按密度为主导的分离机理创造条件。

4.1 颗粒运动动力学研究

4.1.1 颗粒在稀相振动气固流化床中的受力分析

稀相流态化是相对于传统浓相(密相)流态化而言的，二者之间没有确切的分界。一般而言，稀相流态化的床层孔隙率 $\varepsilon>0.9$，即床中颗粒体积分数较低，颗粒之间距离较大，相互作用较小，但颗粒流体两相流主要研究颗粒群的群体行为，颗粒在流化床中的受力非常复杂。尽管颗粒群与单颗粒的运动规律并不完全相同，但它们之间有着密切的联系，研究单颗粒的运动是研究颗粒群运动的基础。

作用在颗粒上的力可分为以下两类[103-107]：一类是纵向力，其方向沿着流体—颗粒间相对运动方向，属于这种力的有惯性力、重力、浮力、曳力(或阻力)、压力梯度力、附加质量力和 Basset 力等；另一类是侧向力，其方向垂直于流体—颗粒间相对运动方向，属于这类力的有 Saffman 力和 Magnus 力等。气流速度较大的情况下，流化床由密相向稀相床过渡，振动对于颗粒的影响减弱，而主要影响床层中气泡的生成和聚并等，因此，颗粒受力情况如图 4-1 所示。

(1) 惯性力

该力的方向即颗粒的运动方向，当该力的方向和重力的方向一致时，颗粒的运动方向向下，颗粒表现为沉降；相反，则表现为上浮。该力的表达式为：

$$F_{\mathrm{i}}=-\frac{1}{6}\pi d_{\mathrm{p}}^{3}\rho_{\mathrm{p}}\frac{\mathrm{d}v_{\mathrm{p}}}{\mathrm{d}t} \tag{4-1}$$

式中 d_{p}——颗粒的直径；

ρ_{p}——颗粒的密度；

v_{p}——颗粒的速度。

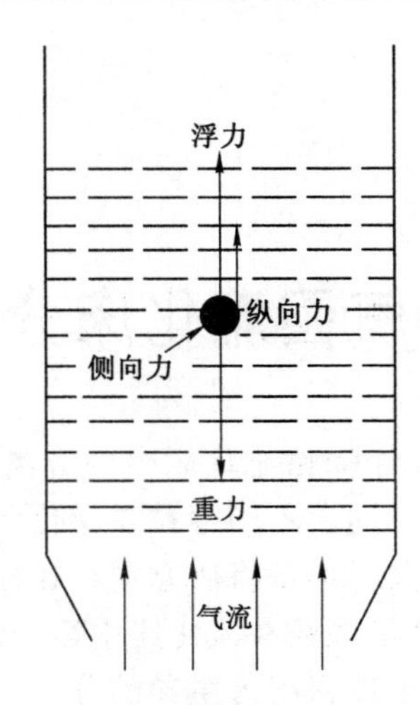

图 4-1　颗粒在稀相气固流化床中的受力情况

(2) 重力

重力是由颗粒的密度和粒度决定的,表达式为:

$$F_g = -\frac{1}{6}\pi d_p^3 \rho_p g \tag{4-2}$$

(3) 浮力

对于粗颗粒而言,在流化床中所受到的浮力可以认为是由于床层物料稳定均匀的压差所致。将颗粒视为球形,则该力的大小就等于颗粒在垂直方向上下两个投影面的压差,表达式为:

$$F_b = \frac{1}{6}\pi d_p^3 \rho_b g \tag{4-3}$$

式中　ρ_b——流化床的密度。

(4) 曳力

当一个颗粒与流体之间存在相对运动时,颗粒与流体之间将产生相互作用力。速度高的一方会受到速度低的一方的阻力;反之,速度低的一方则会受到速度高的一方的曳力。阻力与曳力大小相等,方向相反。在颗粒流体两相流中,颗粒通常受到流体的曳力,该力的表达式为:

$$F_d = \frac{1}{8}\pi C_D d_p^2 \rho_b (v_a - v_p)^2 \tag{4-4}$$

式中　C_D——曳力系数;

ρ_b——流化床的密度;

v_a——气体的速度。

颗粒在流化床中运动时所受到的阻力,即通常所说的曳力,是研究气固两相流动的重要参数，也是流体力学中的重要概念。在流化床中，颗粒通常会受到两种阻力的作用，一种是层流绕流时，流体对颗粒产生的黏性阻力；另一种是压差阻力，它产生于流化床中的紊流绕流以及紊流旋涡和惯性力的共同作用。颗粒的粒径、形貌、密度与流体的运动状态、密度及其他流动特性共同决定了曳力的大小。

颗粒所受到的阻力与流体的流动状态密切相关。在不同流动状态，即雷诺数不同时，阻力的大小和形式是不同的，为了准确描述阻力大小，首先要根据雷诺数对流体的流动形式进行判断。流体为层流状态时，雷诺数 $Re<1$，此时的阻力可理解为黏性阻力；流体为紊流状态时，雷诺数 $Re>10^3$，此时的阻力可理解为惯性力产生的压差阻力；当雷诺数在两者之间时，以上两种阻力都存在，计算时均不能忽略。

牛顿(Newton)[49,108]对在黏性流体中做定常运动的圆球所受的曳力进行了实验研究，发现球体所受曳力仅与惯性项有关，得到曳力的计算公式，即

$$F_d = 0.055\pi C_D d_p^2 \rho_b (v_a - v_p)^2 \tag{4-5}$$

该式主要反映了流体的惯性效应，适用于 $700<Re<2\times10^5$ 的情况，其中 Re 是以流体和颗粒的相对速度计算得到的雷诺数，即

$$Re = \frac{d_p |v_a - v_p|}{\mu_a} \tag{4-6}$$

式中 μ_a——空气运动黏度。

本书取室温为 25 ℃条件下，空气运动黏度为 1.56×10^{-5} m²/s。

将式(4-6)代入式(4-4)，即得

$$C_D = 0.44 \tag{4-7}$$

当颗粒和流体相对运动的雷诺数足够小时，惯性力远小于黏性力，斯托克斯(Stokes)忽略了 Navier-Stokes 方程中的惯性效应，仅考虑黏性项，求出曳力的解析解，即斯托克斯定律(Stokes' Law)为

$$F_d = 3\pi d_p \mu_a (v_a - v_p) \tag{4-8}$$

斯托克斯公式(4-8)用于 $Re\leqslant0.4$ 才比较准确[105]，将式(4-8)代入式(4-4)，得到对应的曳力系数为

$$C_D = \frac{24}{Re} \tag{4-9}$$

当 $0.4<Re<700$ 时，曳力与黏性和惯性效应都有关。奥辛(Oseen)保留了惯性力中的主要部分，对 Stokes 近似方程进行了修正[109]，得到的曳力公式为

$$F_d = 3\pi d_p \mu_a (v_a - v_p)\left(1 + \frac{3}{16}Re\right) \tag{4-10}$$

Oseen 公式(4-10)在 $Re\leqslant0.7$ 的情况下计算比较准确[108]，在 $Re\leqslant4$ 时可用来近似计算[103]。对应的曳力系数为

$$C_D = \frac{24}{Re}\left(1 + \frac{3}{16}Re\right) \tag{4-11}$$

许多研究者通过球形颗粒在静止流体中做匀速运动，或完全均匀的流体绕静止球形颗粒的流动实验，建立了如图 4-2 所示的标准曳力系数曲线（standard drag curve）[106]。图中的三条虚线为早期的 Stokes[式(4-9)]、Oseen[式(4-10)]和 Newton[式(4-7)]曳力系数关系式。当 $Re<1$ 时，可近似采用 Stokes 公式计算；当 $Re<5$ 时，可近似采用 Oseen 公式计算；当 $700<Re<2\times10^5$，可采用 Newton 公式计算；当 $Re>2\times10^5$ 时，曳力系数急剧减小。

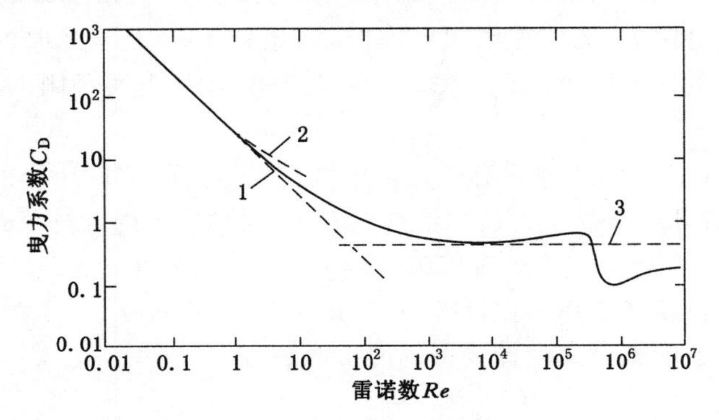

图 4-2　标准曳力系数曲线

1——Stokes 式；2——Oseen 式；3——Newton 式

在本书研究中，稀相气固流化床内雷诺数 $Re>5\ 000$，流动状态为紊流，采用 Brauer 的曳力系数关联式对曳力系数 C_D 进行计算，该式适应 Re 数范围宽（$Re<3\times10^5$），准确性较高，表达式为：

$$C_D = 0.4 + \frac{4}{\sqrt{Re}} + \frac{24}{Re} \quad (Re<3\times10^5) \tag{4-12}$$

（5）升力

升力的表达式为：

$$F_C = \frac{1}{8}\pi d_p^2 \rho_b C_L \ (v_b - v_p)^2 \tag{4-13}$$

对于球形颗粒而言，升力系数 $C_L=0$；对于非球形颗粒而言，由于分选时颗粒群的随机碰撞取向，这些力相互抵消，在颗粒两相流中一般不考虑升力。

（6）振动力

对于振动流化床，振动力场对流化床流场分布及颗粒运动有较大影响。振动力主要通过布风板的传递作用于物料，对颗粒所受振动力进行分解，可得到水平方向和垂直方向上的分力[110,111]：

$$F_x = -m\omega^2 A_0 \cos \omega t \tag{4-14}$$

$$F_y = -m\omega^2 A_0 \sin \omega t \tag{4-15}$$

$$\omega = 2\pi f \tag{4-16}$$

式中 m——颗粒质量；

A_0——振幅；

f——振动频率。

对于振动流化床中颗粒的运动，主要考虑垂直方向的分力影响。由式(4-15)可知，在对流化床体施加竖直方向正弦振动力时，床体受到振动做上下周期运动。但在稀相振动流化床中，床层底部靠近布风板区域的颗粒会受到振动力的作用，而在床层上部稀相区，颗粒浓度大幅下降，孔隙率增大，颗粒所受振动力可忽略不计。

(7) 压力梯度力

颗粒运动所在的流场中，若存在压力梯度，则颗粒不仅会受到流体作用在其上的曳力，还会受到另外一种力，它是由压力梯度引起的，称作压力梯度力，表达式为：

$$F_{pg} = -\frac{1}{6}\pi d_p^3 \frac{\partial p}{\partial x} \tag{4-17}$$

式中，负号表示在流场中压力梯度力的方向与压力梯度相反。对于颗粒和流场，若两者的加速度比较接近，而且通常情况下颗粒的密度要大于流体的密度，那么与惯性力相比较而言，压力梯度力显得很小，可以忽略不计[104]。

(8) 附加质量力

在流体中，当颗粒相对于其做加速运动时，颗粒周围区域的流体也会随之做加速运动。由于惯性的存在，颗粒做加速运动所需的力小于颗粒受到流体运动而产生的力，颗粒表现为具有一个附加质量，这部分惯性力称为附加质量力，或称虚假质量力。对于球形颗粒，附加质量力表示为[103-105]：

$$F_{am} = \frac{1}{12}\pi d_p^3 \rho_b \frac{\mathrm{d}(v_a - v_p)}{\mathrm{d}t} \tag{4-18}$$

附加质量力在数值上等于颗粒所排开流体质量的一半附在颗粒上做加速运动时的惯性力。对于气固两相流动，由于流体的密度远远小于颗粒的密度，因此与惯性力相比，附加质量力很小，特别是当相对运动加速度不大时，可以忽略不计[104]。

(9) Basset 力

Basset 力只发生在黏性流体中，它是因为颗粒运动不稳定而引起的。在颗粒周围区域的流体与颗粒做相对运动过程中，若颗粒速度改变，流体速度也将随之改变，此时流场不稳定，颗粒还受到一个依赖于颗粒加速历程的力，这部分力就称为 Basset 力[112]，该力表达式为：

$$F_B = \frac{3}{2}d_p^2\sqrt{\pi\rho_b\mu_a}\int_{t_0}^{t}\frac{\frac{d}{dt'}(v_a - v_p)}{\sqrt{t-t'}}dt' \tag{4-19}$$

式中 t_0——颗粒运动开始时间；

t——瞬时最终时间；

t'——时间。

只有在加速运动的初期，固体颗粒被高速加速时，由于观测到的曳力大于稳态下曳力的几倍，曳力系数急剧增大，Basset 力才是重要的，否则可以忽略不计[105,112]。

(10) Saffman 力

当流场中存在速度梯度时，颗粒在运动过程中会受到升力作用，该力与颗粒运动方向垂直，称为 Saffman 力，表达式为：

$$F_S = 1.615d_p^2\sqrt{\rho_b\mu_a}(v_a - v_p)\sqrt{\left|\frac{dv_a}{dy}\right|} \tag{4-20}$$

当 $Re < 1$ 时，上述表达式可用。当 Re 很高时，Saffman 力还没有相应的计算公式。通常情况下，在流体的主流区域，速度梯度都很小，Saffman 力的影响可以忽略不计。在颗粒流体两相流中，当要计算流场壁面附近边界层的颗粒速度时，Saffman 力是要考虑的。

(11) Magnus 力

在剪切流场中有速度梯度的存在，在剪切转矩的作用下，颗粒将发生旋转，颗粒旋转的速度会随着速度梯度的增大而增大。当颗粒形状不规则时，由于颗粒受力不均，即使无速度梯度，颗粒也会旋转。在低雷诺数下，由于黏性作用，颗粒周围区域的流体会随着颗粒的旋转而一起运动。在颗粒旋转的方向与流体流动方向一致的一侧，流体的夹带使颗粒与流体的相对速度增加，而另一侧的相对速度减小，这一现象使颗粒向高速的一侧运动[107]，称为颗粒旋转时的 Magnus 效应[100,113]。当颗粒在流体中边运动边旋转时，Rubinow 和 Keller 提出 Magnus 力的计算公式[114]，表达式为：

$$F_m = \frac{1}{8}\pi d_p^3\rho_b\omega(v_a - v_p) \tag{4-21}$$

式中 ω——颗粒旋转角速度。

该式仅在以流体和颗粒相对速度计算得到的雷诺数很小时才适应。

4.1.2 动力学方程

通过对颗粒在稀相振动流化床中的受力分析，根据牛顿第二定律，可以建立单颗粒的运动方程：

$$m_p\frac{dv_p}{dt} = \sum F \tag{4-22}$$

对单颗粒在湍流气流中的悬浮运动，作以下假定[103,107]：

① 颗粒为球形且足够小时，颗粒和流体之间的相对运动遵守 Stokes 定律；

② 颗粒与湍动最小波长相比很小，因此剪切效应对颗粒运动的影响可以忽略不计。

由于颗粒小，颗粒旋转时的 Magnus 力也可以忽略不计，而压力梯度力、附加质量力和 Basset 项只在流体密度接近或大于颗粒密度时才起作用。因此，颗粒在振动流化床中受到的力主要有惯性力 F_i、重力 F_g、浮力 F_b、曳力 F_d、垂直方向振动力 F_y，但颗粒在稀相振动流化床中的受力要考虑两种情况。如之前分析，靠近布风板的颗粒所受合力为：

$$F_i + F_g + F_b + F_d + F_y = 0 \tag{4-23}$$

流化床上部稀相区颗粒所受合力为

$$F_i + F_g + F_b + F_d = 0 \tag{4-24}$$

将上述各力表达式代入式(4-23)和式(4-24)，可得单颗粒运动方程为[103,104,107]：

$$\frac{1}{6}\pi d_p^3 \rho_p \frac{dv_p}{dt} = \frac{1}{8}\pi d_p^2 \rho_b C_D (v_a - v_p)^2 - \frac{1}{6}\pi d_p^3 \rho_p g + \frac{1}{6}\pi d_p^3 \rho_b g - m\omega^2 A_0 \sin \omega t \tag{4-25}$$

$$\frac{1}{6}\pi d_p^3 \rho_p \frac{dv_p}{dt} = \frac{1}{2}\rho_b C_D (v_a - v_p)^2 \frac{\pi d_p^2}{4} - \frac{1}{6}\pi d_p^3 \rho_p g + \frac{1}{6}\pi d_p^3 \rho_b g \tag{4-26}$$

整理的单颗粒的加速度方程为：

$$\frac{dv_p}{dt} = \frac{3C_D \rho_b (v_a - v_p)^2}{4d_p \rho_p} - g\left(1 - \frac{\rho_b}{\rho_p}\right) - \frac{6m\omega^2 A_0 \sin \omega t}{\pi d_p^3 \rho_p} \tag{4-27}$$

$$\frac{dv_p}{dt} = \frac{3C_D \rho_a (v_a - v_p)^2}{4d_p \rho_p} - g\left(1 - \frac{\rho_a}{\rho_p}\right) \tag{4-28}$$

与传统浓相空气重介流化床相比，稀相流化床单位体积颗粒浓度降低，颗粒主要在稀相区域进行干扰沉降，稀相区密度远小于浓相流化床，接近空气密度，又因为与颗粒相比，空气密度可以忽略不计，因此，$1 - \rho_b/\rho_p \approx 1$。将式(4-6)、式(4-12)和式(4-15)带入式(4-27)和式(4-28)，整理得：

$$\frac{dv_p}{dt} = \frac{3\rho_b (v_a - v_p)^2}{4d_p \rho_p} \times \left[0.4 + \frac{4}{\sqrt{\frac{d_p (v_a - v_p)}{1.56 \times 10^{-5}}}} + \frac{3.7 \times 10^{-4}}{d_p (v_a - v_p)}\right] - \frac{6m\omega^2 A_0 \sin \omega t}{\pi d_p^3 \rho_p} - g \tag{4-29}$$

$$\frac{dv_p}{dt} = \frac{3\rho_a (v_a - v_p)^2}{4d_p \rho_p} \times \left[0.4 + \frac{4}{\sqrt{\frac{d_p (v_a - v_p)}{1.56 \times 10^{-5}}}} + \frac{3.7 \times 10^{-4}}{d_p (v_a - v_p)}\right] - g \tag{4-30}$$

式(4-29)和式(4-30)分别为 $Re<3\times10^5$ 时稀相气固振动流化床内不同区域颗粒的加速度公式。

当单颗粒在静止的无限流体中自由下降时，若颗粒的密度大于介质的密度，则颗粒所受重力与浮力之差使颗粒加速降落。随着颗粒降落速度的增加，流体对颗粒向上的曳力也不断增加。当向下的重力等于向上的浮力与曳力之和时，颗粒呈等速降落，此时 $\mathrm{d}v_\mathrm{p}/\mathrm{d}t=0$，颗粒运动速度达到最大，称为颗粒的自由沉降速度 v_t，又称为单颗粒被流体夹带时流体与颗粒间的最小相对速度，即终端速度。在稀相振动流化床内，颗粒主要在床层中上部进行沉降分离，因此垂直方向振动力可以忽略不计，根据受力平衡，有：

$$\frac{1}{6}\pi d_\mathrm{p}^3\rho_\mathrm{p}g=\frac{1}{6}\pi d_\mathrm{p}^3\rho_\mathrm{b}g+C_\mathrm{D}\frac{\pi d_\mathrm{p}^2}{4}\frac{\rho_\mathrm{b}v_\mathrm{t}^2}{2} \tag{4-31}$$

可得：

$$v_\mathrm{t}=\left[\frac{4}{3}\frac{gd_\mathrm{p}(\rho_\mathrm{p}-\rho_\mathrm{b})}{C_\mathrm{D}\rho_\mathrm{b}}\right]^{\frac{1}{2}} \tag{4-32}$$

式(4-31)就是颗粒在流化床中的终端速度，即自由沉降末速。当颗粒沉降速度 $v_\mathrm{p}<v_\mathrm{t}$ 时，颗粒向下运动，密度大、粒度大的重颗粒因此得到分离。

4.2　稀相振动气固流化床流化特性模型

4.2.1　起始流化速度

起始流态化是流态化重要的特征参数之一，是流态化操作流速的下限值，低于该流速时，床层将失去流态化。对有很多的实验对起始流态化速度 U_mf 进行了测定和分析研究，并建立了很多经验或半经验的关联式，针对本书物料颗粒，选用 Leva 关联式[115]。

当 $Re_\mathrm{mf}<10$ 时：

$$U_\mathrm{mf}=9.23\times10^{-3}\frac{d_\mathrm{p}^{1.82}\left[(\rho_\mathrm{p}-\rho_\mathrm{b})\rho_\mathrm{b}\right]^{0.94}}{\mu_\mathrm{f}^{0.88}\rho_\mathrm{b}^{0.06}} \tag{4-33}$$

当 $Re_\mathrm{mf}>10$ 时：

$$U_\mathrm{mf}=9.23\times10^{-3}(1.33-0.38\lg Re_\mathrm{mf})\frac{d_\mathrm{p}^{1.82}\left[(\rho_\mathrm{p}-\rho_\mathrm{b})\rho_\mathrm{b}\right]^{0.94}}{\mu_\mathrm{f}^{0.88}\rho_\mathrm{b}^{0.06}} \tag{4-34}$$

式中　ρ_p——颗粒密度；

d_p——颗粒直径；

ρ_b——流体密度；

μ_f——流体剪切黏度。

因为每位研究人员的实验装备和实验所用物料颗粒的形状和粒度分布各不

相同，因此在预测的准确性上也各不相同。

4.2.2 床层压降

当流体速度超过初始或最小流态化速度并进一步增加时，床层中颗粒可以自由运动，床层体积发生膨胀，床层的孔隙率增大，但是因床层中颗粒物料的重量基本不变，因而床层压降也保持不变。当流体速度进一步增加，床层压降也将随之增加，直至流体速度达到某个固定值时，床层压降快速降低，并逐渐降低至零，此时物料随气流冲出流化床顶部，流化床膨胀率迅速增大，单位体积内颗粒数量迅速减小，因而物料从流化床内吹出。

影响流体通过固定床压降的因素有很多，如流体速度、密度以及黏度，流化床高径比、孔隙率，还有颗粒直径、形状、表面粗糙度等。床层压降与流动参数之间关系的表达式如下：

固定床：

$$\frac{\Delta p_b}{L_{mf}} = 150\,\frac{(1-\varepsilon_{mf})^2}{\varepsilon_{mf}^3} \times \frac{\mu_f U_{mf}}{d_p^2} + 1.75\,\frac{(1-\varepsilon_{mf})}{\varepsilon_{mf}^3} \times \frac{\rho_f U_{mf}^2}{d_p} \tag{4-35}$$

式中 Δp_b——固定床床层压降；

L_{mf}——起始床层高度；

U_{mf}——起始流化速度；

ε_{mf}——起始流化床层孔隙率；

d_p——颗粒直径。

流化床：

$$\Delta p_f = (1-\varepsilon_{mf})(\rho_p - \rho_f) g L_{mf} \tag{4-36}$$

式中 Δp_f——流化床床层压降；

ρ_p——颗粒密度；

ρ_f——流体密度。

本书将讨论振动对颗粒在稀相气固流化床中分离的影响，特别是对宽粒级物料起始流化时的影响。E. M. Bratu 等[116]在对一维振动方向的振动流化床研究中，认为振动流化床起始流化速度的下降是由于床体的振动给床层施加了一个向上运动的力，克服了一部分的重力，降低了床层的起始流化压降，物料床层在较低的气流速度下开始流化。本书采用下式对振动流化床压降进行表征[49]：

$$\Delta p_{mfv} = \Delta p_{mf} K^{-n},\ n = 0.15 + 24.17 d_p \rho_p \tag{4-37}$$

式中 Δp_{mfv}——振动流化床起始流化压降；

Δp_{mf}——普通流化床起始流化压降；

K——振动强度。

用床层的总压降来表示上式中的压降。实验过程中，首先在无物料加入时对布风板的压降 Δp_d 在不同气流速度下的值进行记录，然后加入物料，记录流化

床的总压降 Δp，即当物料在不同气流速度流化时的床层压降，最后用 Δp 减去 Δp_d 即得到流化床层压降 Δp_b。

4.2.3 床层密度

在分选过程中，流化床层密度的稳定性和连续性直接影响分选结果的好坏，稳定床层的获得离不开对流化床各层及各点的密度进行测量和研究。

通常所说的床层密度分布，实质上也就是流化床层各点的压力差的分布，但更多时候，我们用床层密度分布来评价流化床的稳定性。床层在各个点上的密度是不同的，相同点的不同时刻也是不停变化的，通常将床层各点的压差进行平均，就得到了床层的密度分布，这种平均包括不同时间和不同空间的平均。根据压强计算公式 $p=\rho_b gh$，将流化床层的密度进行上述平均，并将流化床看作流体，那么，将床层内垂直方向上各点的压强和各点间的距离代入上式，即可得到床层的平均密度。

将流化床看作流体，那么在流化床内，用垂直方向上相邻两点的高度差与流化床的密度相乘，就得到了此相邻两点的压差，即压降：

$$\Delta p = \rho_b g \Delta h \tag{4-38}$$

式中 Δp——相邻两测压点压差，Pa；

ρ_b——流化床层密度，kg/m^3；

Δh——相邻两测压点高度差，m。

从上式可以看出，若要得到流化床层的密度 ρ_b，就需要知道床层内垂直方向上相邻两点的压力差值 Δp[44]。在流化床内各区域的密度通常是不均匀的，相同高度的不同区域内各点的压强也是不断波动的，如果所测压强均在某个特定区域内，这样所得到的该区域的 ρ_b 会比较准确，如果有一个点超出了这个区域，那么得到的密度值会存在不同程度的误差。所以，为了了解整个床层的密度分布，还可以对流化床内某一个点进行测压，得到床层压力变化，进而对整个床层的压力分布进行评价来了解床层密度变化。

4.2.4 床层孔隙率

床层孔隙率是指颗粒床层中空隙所占的容积百分数，表达式如下：

$$\varepsilon = \frac{H - H_0}{H_0} \tag{4-39}$$

式中 ε——床层孔隙率；

H——流化床层高，mm；

H_0——静床高，mm。

随着气流速度的变化，床层的密度也将随之变化，这种变化最直接的反映就是床层孔隙率，即膨胀率的变化。如果流化床的膨胀率随气流速度的增大不断增加，则表明床层密度的调节范围也在增大。可见，若要对流化床的密度调节范围进行考察，就需要对流化床的膨胀率进行研究。

4.3　本章小结

在本章中，主要讨论了物料颗粒在稀相振动气固流化床中的受力情况以及稀相振动气固流化床各项流化特性参数的确定。通过对低雷诺数下的阻力系数奥辛近似方程解和较宽低雷诺数条件下的阻力系数经验公式差异的讨论，针对本书研究特点，确定了物料颗粒在稀相振动气固流化床流场中运动的动力学方程，并确定了稀相振动气固流化床流化特性模型，为研究物料颗粒在稀相振动气固流化床中按密度为主导的颗粒分离行为提供了理论依据。

5 动力学模型及计算流体力学数值模拟

根据对颗粒在稀相振动气固流化床中运动受力分析，得出颗粒在稀相振动气固流化床流场中的动力学模型式(4-29)和式(4-30)，该模型为非线性微分方程，在一般情况下没有解析解。采用数值方法对该方程进行数值解计算，模拟颗粒在气固流化床流场中的速度及位移曲线，可从理论上分析颗粒密度、颗粒粒度、气流流速以及振动频率对颗粒分离的影响。

本章研究的目的，其一是通过对动力学方程的数值模拟，研究稀相振动气固流化床分选特性，验证动力学模型的正确性，初步优化稀相振动气固流化床分选工艺参数，进而为稀相振动气固流化床分选机理的研究创造基础条件，为建立稀相振动气固流化床分选理论做必要的准备；其二是应用计算流体动力学(CFD)软件模拟流化床流场分布及颗粒运动及富集过程，并与后续章节实验室分选试验结果进行对比，为修正稀相振动气固流化床分选颗粒运动的动力学方程提供依据。

5.1 模拟物料

根据前面介绍的实际物料分析结果，数值模拟拟使用三种理想颗粒，分别为煤、石英和黄铁矿，其中，煤的密度为 1.30 g/cm^3，石英的密度为 2.40 g/cm^3，黄铁矿的密度为 5.0 g/cm^3。根据对实际采样物料浮沉后各密度级产物的筛分结果(表 3-1 和表 3-4)可知，精煤主要集中在 0.5～0.25 mm 和 0.25～0.125 mm 两个粒级，中煤和矸石主要集中在 0.5～0.25 mm 和 0.125～0.063 mm 两个粒级，大于 2.0 g/cm^3 的高密度组分则均匀分布于各个粒级。为简化模拟过程并找出颗粒分离规律，将模拟物料中煤颗粒粒径设定为 0.5 mm、0.25 mm 和 0.063 mm，石英颗粒设定为 0.5 mm、0.25 mm 和 0.125 mm，黄铁矿颗粒设定为 0.25 mm、0.125 mm 和 0.063 mm，并进行粒度和密度之间的组合，分别用式(4-29)和式(4-30)来模拟不同颗粒的分离过程。各组物料组合分别如表 5-1～表 5-3 所列。

表 5-1 模拟物料颗粒组合(1)

物料组合	1			2			3		
	煤	石英	黄铁矿	煤	石英	黄铁矿	煤	石英	黄铁矿
密度/(g/cm³)	1.3	2.4	5.0	1.3	2.4	5.0	1.3	2.4	5.0
粒度/mm	0.5	0.25	0.25	0.5	0.125	0.25	0.125	0.125	0.063

表 5-2 模拟物料颗粒组合(2)

物料组合	4			5			6		
	煤	石英	黄铁矿	煤	石英	黄铁矿	煤	石英	黄铁矿
密度/(g/cm³)	1.3	2.4	5.0	1.3	2.4	5.0	1.3	2.4	5.0
粒度/mm	0.25	0.5	0.25	0.25	0.125	0.25	0.25	0.125	0.125

表 5-3 模拟物料颗粒组合(3)

物料组合	7			8			9		
	煤	石英	黄铁矿	煤	石英	黄铁矿	煤	石英	黄铁矿
密度/(g/cm³)	1.3	2.4	5.0	1.3	2.4	5.0	1.3	2.4	5.0
粒度/mm	0.063	0.125	0.125	0.125	0.125	0.25	0.063	0.125	0.25

5.2 动力学模型研究

5.2.1 数值分析软件

对动力学模型的数值模拟研究，本书使用数值求解软件 Matlab 7.0(MATrix LABoratory)来求解非线性微分方程。Matlab 是一套高性能的数值计算和可视化数学软件，可用于矩阵运算、绘制函数和数据、实现算法、创建用户界面、连接其他编程语言等。它提供了大量的内置函数，主要用于工程计算、控制设计、信号处理与通信、图像处理等领域。

Matlab 的 Simulink 软件包基于的是 Matlab 的框图设计环境，可以用来对各种动态系统进行建模、分析和仿真，它的建模范围广泛，任何可以用数学形式来描述的系统都能够用其来进行仿真模拟，包括航天航空动力学系统、通信系统、船舶及汽车、卫星控制制导系统等，其中还包括连续、离散、条件执行、事件驱动、混杂、多速率和单速率系统等。

Stateflow 是另一个交互式的设计工具，它基于的是有限状态机理论，可模拟复杂的事件驱动系统并进行仿真。Stateflow 与 Simulink 和 Matlab 紧密集成，Stateflow 创建的复杂控制逻辑可以被有效地结合到 Simulink 的模型中。

在对无解析解的微分方程进行求解时，将龙格-库塔（Runge-Kutta）解法的中阶求解法作为 Matlab 的一般解决方案能获得满意的精度[117]。当求解精度要求较高时，Matlab 使用多步求解的 Adams-Bashforth-Moulton 解法[118]。当需要解决难以求解的微分方程问题时，将使用数值差分法，即 Gear 差分法。

龙格-库塔方法为单步算法，精确度高，在工程上有广泛的应用，它从一阶精度的欧拉（Euler）公式拓展而来[119,120]。在计算精度上若要获得较高的质量，就要有针对性地控制计算误差，所以此方法的计算原理比较繁杂。它的原理是扩展一阶精度的欧拉斜率法，得到经改进的二阶欧拉公式，具体方法是用某点处的斜率近似值与右端下一点处的斜率的算术平均值作为平均斜率的近似值。按照此方法，可以得到高阶的、精度更高的计算公式，即对某一范围内的几个点的斜率进行预估，并对这些斜率值进行加权平均，得到一个近似的平均斜率值。最终，经过一系列的变换、计算，就能够得到四阶龙格-库塔公式，即经典的龙格-库塔算法，该算法在工程中已有广泛的应用[121]。

本章内容将使用龙格-库塔四阶、五阶方法来研究颗粒运动动力学模型式（4-29）和式（4-30）非线性偏微分方程。

5.2.2 数值模拟与分析

根据上一章对颗粒在振动流化床中的受力分析，运用动力学模型式（4-29）和式（4-30）对表 5-1 中的示踪颗粒组合进行数值模拟计算，得到不同颗粒组合的速度曲线。模拟颗粒的分离过程，在无振动条件下，计算时间为 3 s，为了看出颗粒速度变化趋势，振动条件下计算时间延长为 30 s，根据前期探索实验，振动频率设定为 55 Hz。

各组颗粒的动力学方程模拟结果如图 5-1～图 5-9 所示。

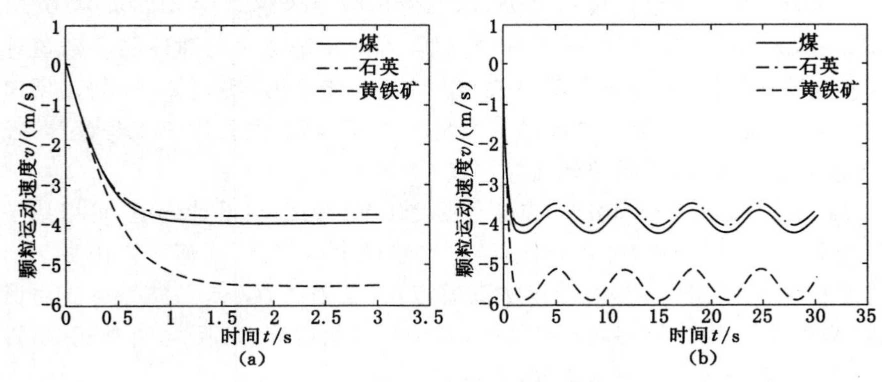

图 5-1　第 1 组颗粒的模拟分级

(a) 无振动；(b) 振动频率 55 Hz

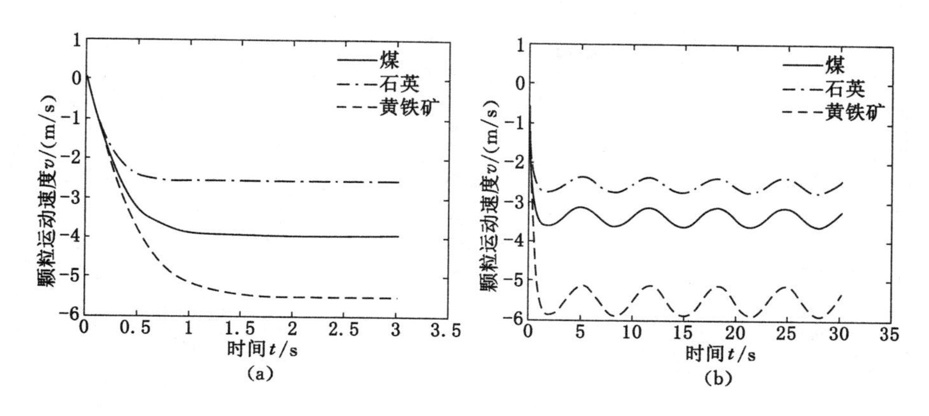

图 5-2 第 2 组颗粒的模拟分级

(a) 无振动;(b) 振动频率 55 Hz

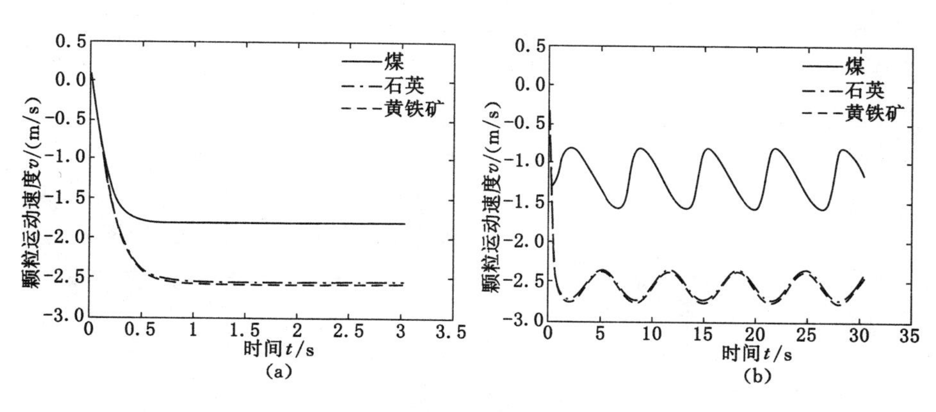

图 5-3 第 3 组颗粒的模拟分级

(a) 无振动;(b) 振动频率 55 Hz

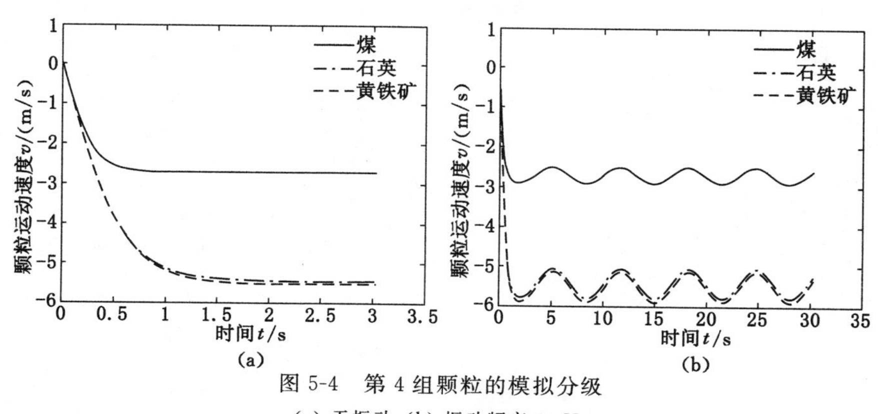

图 5-4 第 4 组颗粒的模拟分级

(a) 无振动;(b) 振动频率 55 Hz

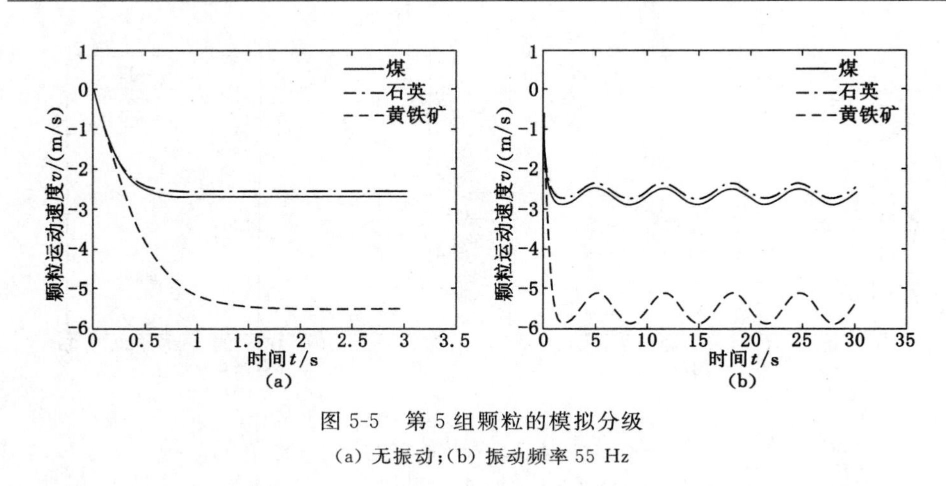

图 5-5　第 5 组颗粒的模拟分级

(a) 无振动;(b) 振动频率 55 Hz

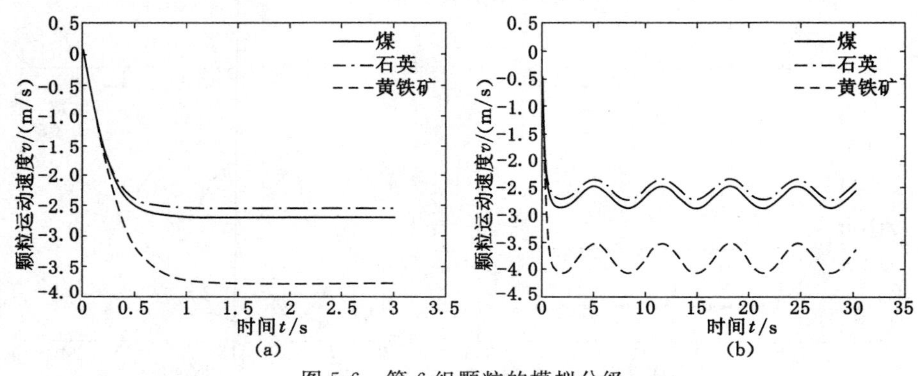

图 5-6　第 6 组颗粒的模拟分级

(a) 无振动;(b) 振动频率 55 Hz

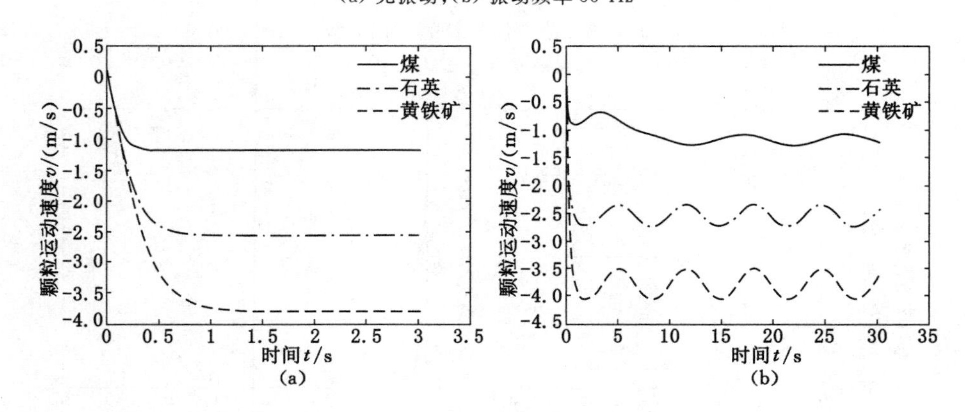

图 5-7　第 7 组颗粒的模拟分级

(a) 无振动;(b) 振动频率 55 Hz

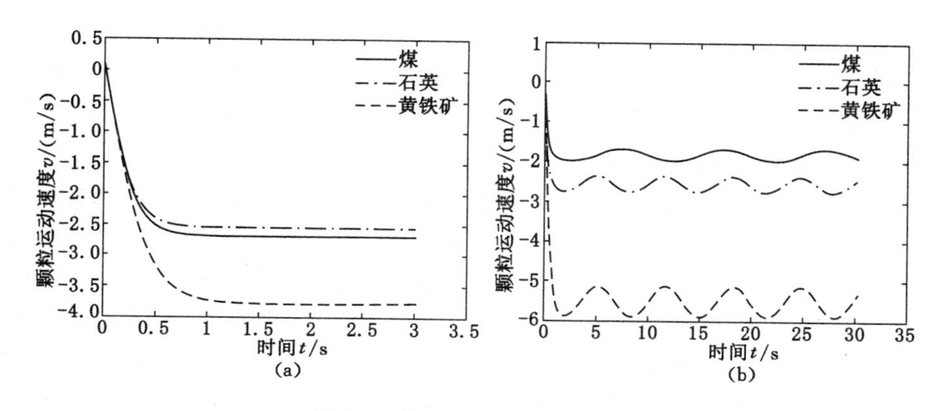

图 5-8　第 8 组颗粒的模拟分级

(a) 无振动；(b) 振动频率 55 Hz

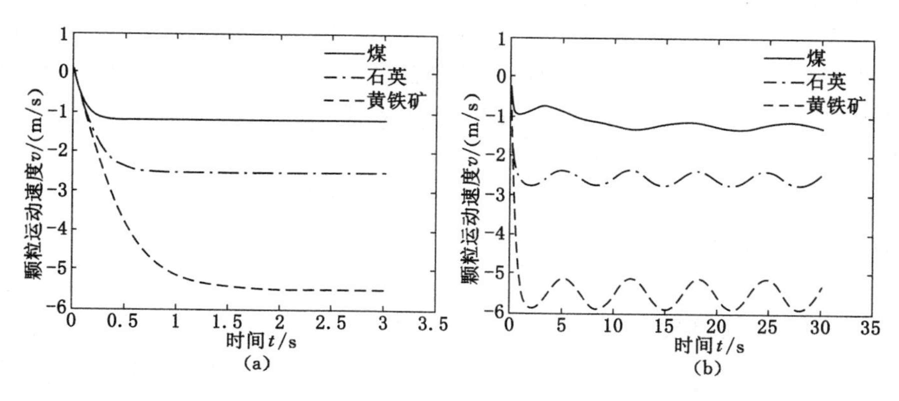

图 5-9　第 9 组颗粒的模拟分级

(a) 无振动；(b) 振动频率 55 Hz

从以上各图可以看出，由于粒径、密度各不相同，不同颗粒具有不同的沉降末速，总体来看，不同密度组分得到了分离，其中小粒径低密度颗粒与大粒径高密度颗粒沉降末速相差较大，最容易分开。从图 5-1、图 5-2、图 5-5 和图 5-6 可以看到，这几组颗粒组合模拟结果出现了低煤颗粒和石英颗粒的错配，这是由于石英颗粒粒径过小，煤颗粒粒径过大，煤颗粒与石英颗粒的粒径比大于它们以相同沉降末速沉降时的等沉比，表现为低密度的煤颗粒具有更大的沉降末速，但在这几组结果中，黄铁矿均得到了有效的分离，没有错配到煤颗粒与石英颗粒中。从图 5-3 和图 5-4 可以看到，由于石英颗粒和黄铁矿颗粒具有接近的沉降末速，致使它们没有得到有效分离，但最终它们作为重产物与煤进行了分离，并没有影响到黄铁矿的脱除。从图 5-7 和图 5-8 可以看出，各颗粒具有明显的沉降末速差异，很容易得到了分离，但煤颗粒的运动并没有像石英和黄铁矿那样进行明显的规律性的周期运动。分析可知，这两组物料中，煤颗粒的粒径均为0.063 mm，属微细颗粒，由于粒径太小，它与其他较大粒径颗粒之间的碰撞及摩擦作用减弱，此时，依靠颗粒接触来进行传递的振动对其施加的影响也出现了明显的减弱，因此，其运动状态更接近于无振动区域的颗粒。

综上所述，不同颗粒组合的动力学方程模拟结果表明：颗粒在振动流化床中的运动动力学模型可用，可以对不同密度颗粒在沉降过程中的运动速度及分离过程进行计算和表征。虽然煤与石英之间、石英与黄铁矿之间出现了一定的等沉现象，但并没有影响黄铁矿颗粒的去除，从燃煤电厂生产经济性以及本书的研究目的出发，要尽可能去除纯的高密度、高硬度组分，如黄铁矿等，保证较高的可燃回收率，因此，这种情况是可以接受的。从模拟结果可以推断，虽然无振动和加入振动之后的模拟结果趋势相同，但振动的引入使得颗粒在流化床稀相区域进行沉降分离后进入振动力场作用较强的床层底部，一方面不会导致初步分离后的物料积压而影响床层活性；另一方面经周期振动力场的强化作用，初步分离的重组分将得到进一步分离。由于实际物料，即磨煤机返料粒级较宽，密度组成复杂，在振动流化床中必然存在模拟过程中出现的等沉现象，如何克服这种现象在物料振动流化床分选过程中的影响，是物料流化和分选特性研究中要研究的重点。

5.3 计算流体力学研究

5.3.1 双流体模型

从动力学模型分析及前期探索实验可知，振动主要影响流化床底部靠近布风区域颗粒的运动，强化稀相区颗粒分级作用，而颗粒的分离主要在床层上部稀相区进行，振动对稀相区的气固两相流影响不大，为简化数值计算过程，主要对无振动条件下流化床中的气泡形成和运动，以及颗粒运动规律进行模拟，数值模拟过程由 Fluent 执行，采用 Euler-Euler 模型对气相-密相进行耦合。双流体模型是 Fluent 软件的基本构建模型，它可以模拟各种流体流动，包括不可压缩流体、高度可压缩流体，以及介于两者之间的其他流体的流场运动[122-124]。为了使计算过程的收敛速度达到最高以及获得最高的求解精确性，在 Fluent 中应用了多重网格加速收敛技术以及多种求解方法。

目前研究流态化的模型有很多，都有各自的优缺点，但应用范围最广的模型是双流体模型[125-131]。双流体模型认为颗粒与流体是共同存在且相互渗透的连续介质[132,133]。在欧拉(Euler)坐标系中建立对流体相、颗粒相的质量、动量和能量守恒方程[133,134]如下：

(1) 连续性方程(下标 $k=g,s$)

$$\frac{\partial}{\partial t}(\varepsilon_k\rho_k)+\nabla\cdot(\varepsilon_k\rho_k\overrightarrow{u_k})=0 \tag{5-1}$$

$$\sum_k\varepsilon_k=1 \tag{5-2}$$

（2）动量方程（下标 $k=g,s$；下标 $l=g,s;l\neq k$）

$$\frac{\partial}{\partial t}(\varepsilon_k\rho_k\overrightarrow{u_k})+\nabla\cdot(\varepsilon_k\rho_k\overrightarrow{u_k}\,\overrightarrow{u_k})=-\varepsilon_k\nabla p_g+\varepsilon_k\rho_k\vec{g}+\nabla\overline{\overline{\tau_k}}+\beta(\overrightarrow{u_l}-\overrightarrow{u_k}) \tag{5-3}$$

（3）气相剪切应力(gas phase stress)

$$\overline{\overline{\tau_g}}=2\varepsilon_g\mu_g\overline{\overline{S_g}} \tag{5-4}$$

式中　$\overline{\overline{S_g}}$ ——气相应变率张量(deformation rate tensor)。

$$\overline{\overline{S_g}}=\frac{1}{2}[\nabla\overrightarrow{u_g}+(\nabla\overrightarrow{u_g})^{\mathrm{T}}]-\frac{1}{3}\nabla\cdot\overrightarrow{u_g}\,\overline{\overline{I}} \tag{5-5}$$

式中　$\overline{\overline{I}}$ ——单位张量。

（4）固相剪切应力(solid phase stress)

$$\overline{\overline{\tau_s}}=[-p_s+\varepsilon_s\xi_s\nabla\cdot\overrightarrow{u_s}]\overline{\overline{I}}-2\varepsilon_s\mu_s\overline{\overline{S_s}} \tag{5-6}$$

式中　$\overline{\overline{S_s}}$ ——固相应变率张量。

$$\overline{\overline{S_s}}=\frac{1}{2}[\nabla\overrightarrow{u_s}+(\nabla\overrightarrow{u_s})^{\mathrm{T}}]-\frac{1}{3}\nabla\cdot\overrightarrow{u_s}\,\overline{\overline{I}} \tag{5-7}$$

固相压力 p_s(solid phase pressure)为：

$$p_s=\varepsilon_s\rho_p\Theta[1+2(1+e)\varepsilon_s g_0] \tag{5-8}$$

式中，Θ 为颗粒温度，采用此符号以区别于普通的热温度 T。e 为颗粒的弹性恢复系数，$e=1$ 时，颗粒之间的碰撞为完全弹性碰撞；$e=0$ 时，颗粒之间的碰撞为非完全弹性碰撞。一般流化床中常用颗粒的恢复系数 $e=0.8\sim1.0$。g_0 为颗粒径向分布函数(radial distribution function)，用来表示颗粒所占体积对颗粒间碰撞概率的影响。若碰撞接近弹性碰撞，忽略碰撞的各向不均匀性，g_0 只是颗粒体积分数的函数，为了与实验数据相符，Y. L. Ding 提出了 0.6 的修正系数，得到下式：

$$g_0=\frac{3}{5}\left[1-\left(\frac{\varepsilon_s}{\varepsilon_{smax}}\right)^{\frac{1}{3}}\right]^{-1} \tag{5-9}$$

式中　ε_{smax} ——颗粒随机堆积状态时的最大颗粒体积分数。

固相体积黏度(solid phase bulk viscosity)表达式为：

$$\xi_s=\frac{4}{3}\varepsilon_s\rho_p d_p g_0(1+e)\left(\frac{\Theta}{\pi}\right)^{\frac{1}{2}} \tag{5-10}$$

固相剪切黏度(solid phase shear viscosity)表达式为：

$$\mu_s=\frac{4}{5}\varepsilon_s\rho_p d_p g_0(1+e)\left(\frac{\Theta}{\pi}\right)^{\frac{1}{2}} \tag{5-11}$$

在颗粒浓度较高的体系中，除考虑流体和颗粒黏度引起的剪切应力外，还需考虑颗粒碰撞引起的库仑应力。

(5) 颗粒温度方程

以上各式中的 Θ 为颗粒温度，也称为颗粒脉动动能，表达式为：$\Theta = \frac{1}{3}\langle C^2 \rangle$，式中 C 为颗粒脉动速度。Θ 也可由颗粒脉动动能方程求出：

$$\frac{3}{2}\left[\frac{\partial}{\partial t}(\varepsilon_s \rho_p \Theta) + \nabla \cdot (\varepsilon_s \rho_p \overrightarrow{u_s} \Theta)\right] = \overline{\overline{\tau}}_s : \nabla \cdot \overrightarrow{u_s} - \nabla \cdot \vec{q} - \gamma - 3\beta\Theta \quad (5\text{-}12)$$

颗粒碰撞能量耗散 γ 为：

$$\gamma = 3(1-e^2)\varepsilon_s^2 \rho_p g_0 \Theta \left[\frac{4}{d_p}\left(\frac{\Theta}{\pi}\right)^{\frac{1}{2}} - \nabla \cdot \overrightarrow{u_s}\right] \quad (5\text{-}13)$$

脉动能量通量 $\vec{q}$ 为：

$$\vec{q} = -\kappa \nabla \Theta \quad (5\text{-}14)$$

脉动能量传导率 κ 为：

$$\kappa = 2\varepsilon_s^2 \rho_p d_p g_0 (1+e)\left(\frac{\Theta}{\pi}\right)^{\frac{1}{2}} \quad (5\text{-}15)$$

(6) 气固相间曳力系数

基于厄贡方程[135]以及 Wen 和 Yu 修正的单颗粒标准曳力关联式，对浓相区($\varepsilon_g \leqslant 0.8$)和稀相区($\varepsilon_g > 0.8$)分别得到以下关联式(对球形颗粒)：

$$\beta = 150\frac{\varepsilon_s^2 \mu_g}{\varepsilon_g d_p^2} + 1.75\frac{\varepsilon_s \rho_g |\overrightarrow{u_g} - \overrightarrow{u_s}|}{d_p} \quad \varepsilon_g \leqslant 0.8 \quad (5\text{-}16)$$

$$\beta = \frac{4}{3}C_d \frac{\varepsilon_g \varepsilon_s \rho_g |\overrightarrow{u_g} - \overrightarrow{u_s}|}{d_p}\varepsilon_g^{-2.65} \quad \varepsilon_g > 0.8 \quad (5\text{-}17)$$

式中：

$$C_d = \frac{24}{Re_p}[1 + 0.15 Re_p^{0.687}] \quad Re_p \leqslant 1\,000 \quad (5\text{-}18)$$

$$C_d = 0.44 \quad Re_p > 1\,000 \quad (5\text{-}19)$$

$$Re_p = \frac{\varepsilon_g \rho_g d_p |\overrightarrow{u_g} - \overrightarrow{u_s}|}{\mu_g} \quad (5\text{-}20)$$

(7) 边界条件

为求解上述模型，还需要对气固速度、气相压力和颗粒温度建立合适的边界条件。这也是模型中一个需要解决的重要问题，Y. L. Ding 在模型中应用以下边界条件[77]：

① 流体在壁面上的各向速度分量为零。

② 由于颗粒的尺寸一般大于刚性壁面的表面粗糙尺寸，因此颗粒在壁面上具有滑移速度。颗粒在壁面上的切向速度正比于其在壁面的速度梯度，由下式给出：

$$u_{s2}\Big|_w = -\lambda_p \frac{\partial u_{s2}}{\partial x_1}\Big|_w \tag{5-21}$$

式中 x_1 ——垂直于壁面方向；

λ_p ——颗粒间的平均距离，可由下式估算：

$$\lambda_p = \frac{d_p}{\varepsilon_s^{\frac{1}{3}}} \tag{5-22}$$

若颗粒很小，则壁面处颗粒速度接近于零。

③ 壁面能量通量为零。

④ 截面对称轴上所有变量的梯度为零。

⑤ 其他相关的压力、流量等进出口条件。

(8) 双流体模型的算法

双流体模型中颗粒和流体相的控制方程与单相流通用微分方程组的形式相似，即非稳态相＋对流项＝扩散项＋源项[136]，对这类方程组的求解，常用 Patankar 和 Spalding 创立的 SIMPLE(semi－implicit method for pressurelinked equations)算法或其改进的算法[137-142]。

5.3.2 物理模型

网格生成是 CFD 模拟过程和通往应用领域的一个关键步骤，网格划分的合理性和准确性直接影响模拟结果的可靠性[126]。目前应用较多的网格有结构网格、非结构网格[143-145]、混合网格[146-148]以及重叠网格等[149,150]。采用 CFD 前处理软件 Gambit 对构建的二维模型的流化气流入口、出口以及边界进行网格划分[151-156]。为了简化模拟运算过程，选取 300 mm×250 mm 的稀相流化床横截面作为模拟对象，使物理模型简化为二维平面。根据磨煤机返料前期探索流化特性实验，在模拟研究中，气流入口气速设为 0.15 m/s，出口压力设为 1 个标准大气压，划分网格时采用非结构网格中的四边形和三角形网格，网格总数为 28 000个。使用非结构网格可以消除结构网格中节点的结构性限制，节点和单元分布的可控性好，因而能较好地处理边界。模拟过程中，流场为稳定的恒温流场，气相介质为空气，密度为 1.225 kg/m^3，黏性系数为常数 1.789 4×10^{-5}。固相简化为三种颗粒的混合物，其密度分别为 1 300 kg/m^3、2 400 kg/m^3 和 5 000 kg/m^3，三种颗粒质量比为 5 : 4 : 1，每种颗粒的粒度均为 0.25 mm 和 0.5 mm 两种，两种粒径颗粒的质量比均为 4 : 1。起始静床高设为 100 mm，含有三种颗粒的气流在流化床中形成气固两相流动，颗粒之间伴随着碰撞、分离等相互作用。流化床流场模拟过程中，对不同颗粒分布及运动轨迹进行监测，得到不同时刻颗粒分布云图来显示不同颗粒浓度和运动速度矢量图。

5.3.3 模拟结果分析

如图 5-10 和图 5-11 所示为不同时刻物料中煤颗粒的分布云图和颗粒运动

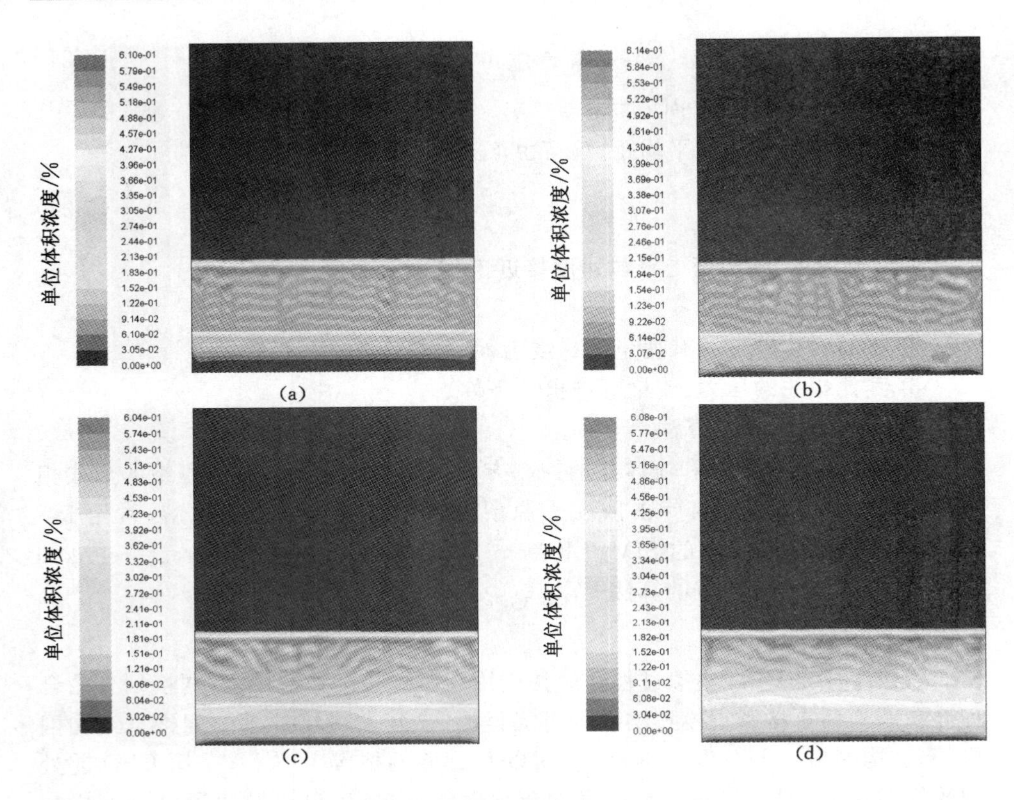

图 5-10　不同时刻煤颗粒浓度分布云图

(a) $t=2$ s;(b) $t=6$ s;(c) $t=10$ s;(d) $t=14$ s

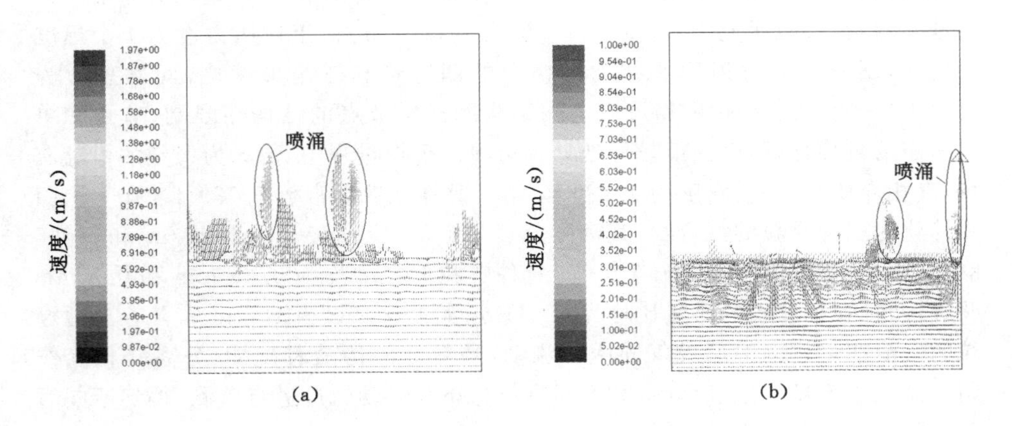

图 5-11　不同时刻煤颗粒运动矢量图

(a) $t=2$ s;(b) $t=6$ s

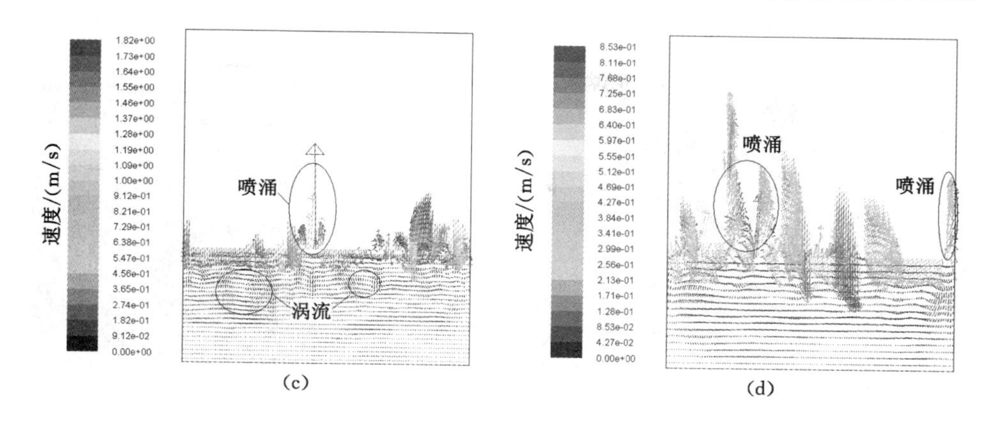

续图 5-11 不同时刻煤颗粒运动矢量图

(c) t=10 s;(d) t=14 s

矢量图。从图中可以看到,煤颗粒主要分布在流化床层上部,图中中下部灰色区域表示单位体积内颗粒浓度最大,随着分选时间的延续,床层上部煤颗粒浓度逐渐增大,底部也逐渐有少量聚集,这表明在模拟分选过程中,煤颗粒逐渐在床层中扩散,最终按密度进行了分层,由于粒径较大的颗粒有较高的沉降末速,因此可以推断,床层底部的煤颗粒中 0.5 mm 的颗粒居多。从矢量图可以看到,由于密度小,煤颗粒主要集中在床层顶部运动,沉降过程也主要发生在顶部区域,在床面有局部的颗粒密集运动现象,包括向上和向下运动,也可以理解为颗粒群随气流向上运动形成的喷涌,颗粒首先随着气泡向上运动冲出床面,当气泡破裂,颗粒向下运动回落至床面。

如图 5-12 和图 5-13 所示为不同时刻石英颗粒在流化床中的浓度分布云图和运动矢量图。从云图中可以看到,与图 5-10 中煤颗粒的分布相比,石英在分选过程中主要分布在床层中下部,中下部灰色区域表明该区域石英的颗粒浓度很高,可见在分选过程中,石英聚集在流化床底部区域。随着分选时间的延长,有少量的石英颗粒逐渐向床层上部扩散,与煤颗粒混合,如图中中下部区域。可以推断,向上扩散的石英颗粒粒径较小,主要为 0.25 mm 的部分,该部分颗粒具有较小的沉降末速,导致与部分煤颗粒形成等沉颗粒群,难以按密度分离。从颗粒运动矢量图可以看到,起始阶段颗粒主要集中在床层底部,并向下运动,随着时间的推移,流化后的石英颗粒主要集中在床层中部和上部区域运动,而且在各时刻颗粒运动方向大部分向下。从矢量图中还可以看到,部分区域颗粒浓度较高且下降速度较快,如中上部区域,可推断此区域为粒群密相区,而其他区域颗粒浓度较低且运动速度较慢,如下部区域所示,可推断此为气泡稀相区,在此区域可清晰分辨出气泡尾迹相的颗粒以及颗粒运动形成的涡流,并可观察到流化床边壁的颗粒向下运动。

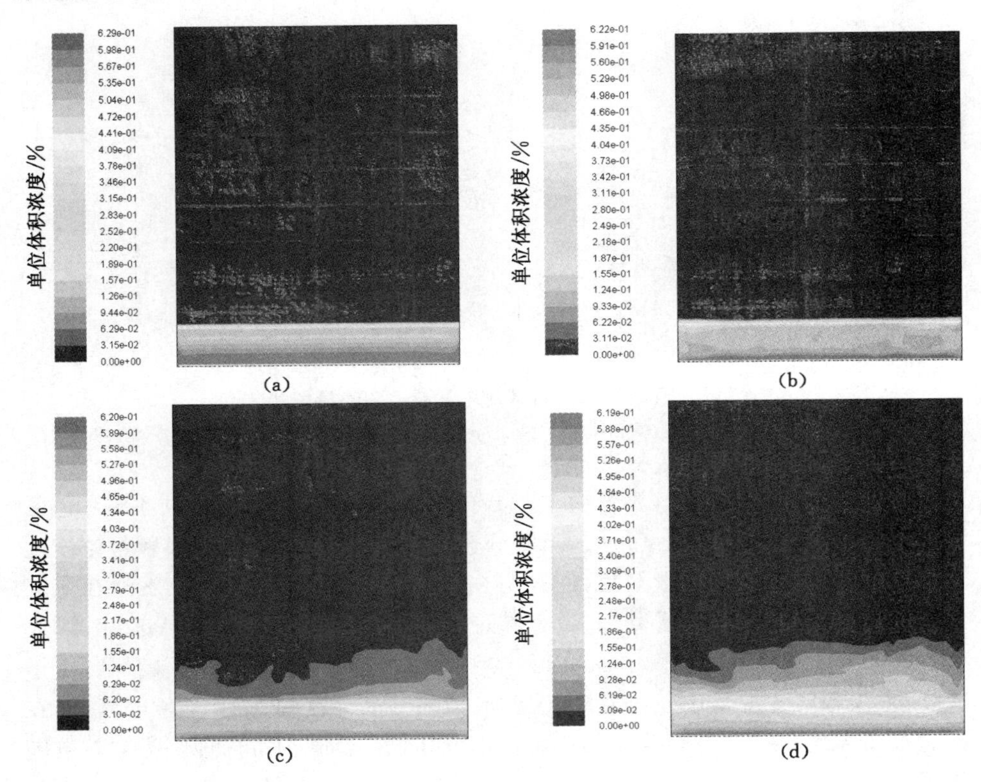

图 5-12　不同时刻石英颗粒浓度分布云图

(a) t=2 s;(b) t=6 s;(c) t=10 s;(d) t=14 s

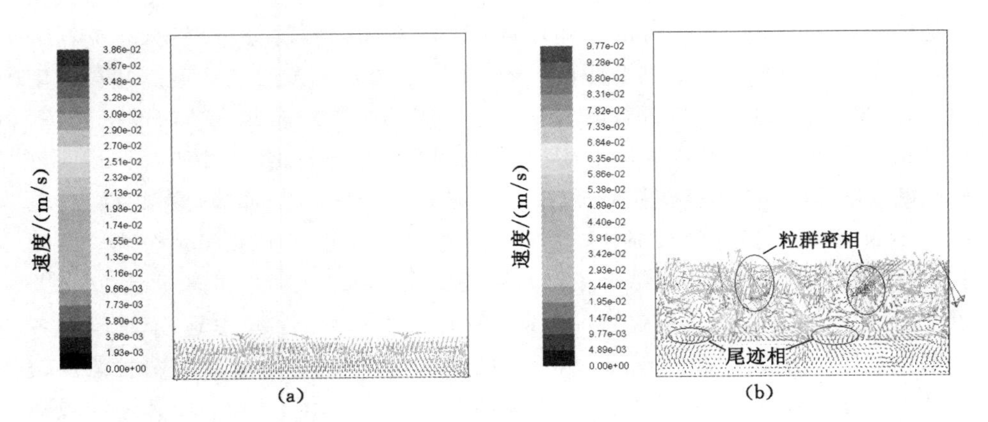

图 5-13　不同时刻石英颗粒运动矢量图

(a) t=2 s;(b) t=6 s

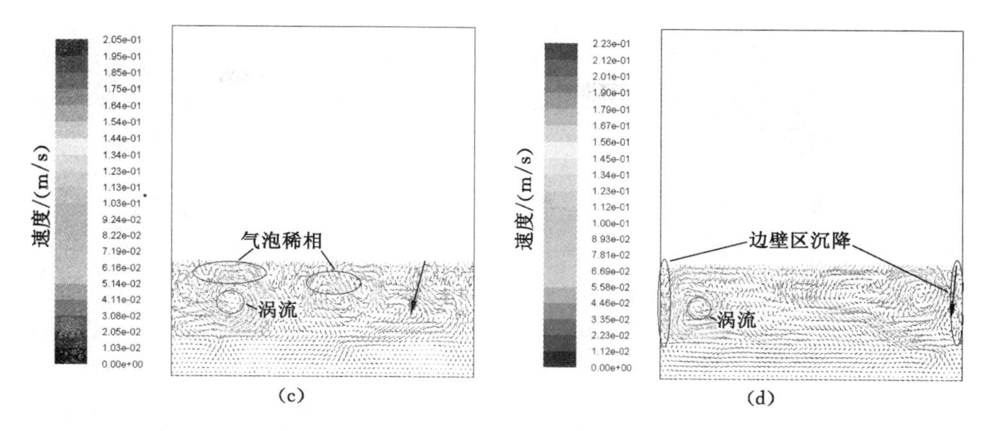

续图 5-13　不同时刻石英颗粒运动矢量图

(c) t=10 s;(d) t=14 s

如图 5-14 和图 5-15 所示为不同时刻黄铁矿颗粒在流化床中的浓度分布云图和运动矢量图。从云图中可以看到,与前面两种颗粒明显不同,黄铁矿颗粒主要集中在床层底部区域运动,随着时间的增大,颗粒逐渐向上扩散,但由于密度较大,大部分颗粒还是在床层底部运动,向上运动的颗粒由于颗粒直径较小而进入等沉粒群,与较大粒径的煤和石英颗粒混合。从矢量图可以看出,颗粒在密相区进行沉降,运动方向向下,并在局部区域形成涡流,可推断气泡通过该区域后留下了一个空穴区,此区域气流瞬时速度接近于零,颗粒迅速沉降。由于颗粒在床层底部靠近布风板区域,首先受到气流影响,瞬时运动方向变化很大,可推断在 t=10 s 之后聚集在布风板附近的颗粒多为大粒径的黄铁矿颗粒,受重力影响较大,气流不足以将其扩散至上部区域,所以此部分颗粒运动方向混乱,但总体趋势向下,从而得到分离。

如图 5-16 所示为不同时刻气流的运动矢量图。从图中可以看到,在气流速度较高的区域,就是上述各图中所标的气泡稀相区,气流速度较低的区域即上述各图所标的粒群密相区。其中气泡稀相区的中心往往是涡流形成的地方。在图中所标注的流化床边壁区,也对应着上述各图中的边壁区颗粒沉降。可见,气流的运动与流化床各流态化形式有很好的对应关系。

综上所述,在流化床分选模拟过程中,气流速度与颗粒沉降速度的大小呈相反的关系,即气流速度较大的区域颗粒沉降速度较小,且颗粒浓度也较小;气流速度较小的区域颗粒沉降速度则较大,且颗粒浓度也较大。总体上来说,颗粒在稀相区环绕着气泡向上运动,并在局部形成涡流,而在密相区向下运动,不同密度的颗粒根据沉降末速的不同而得到分离,其中,低密度颗粒分布在床层顶部,中间密度颗粒分布在床层中部,而高密度颗粒则分布在床层底部。颗粒分离过

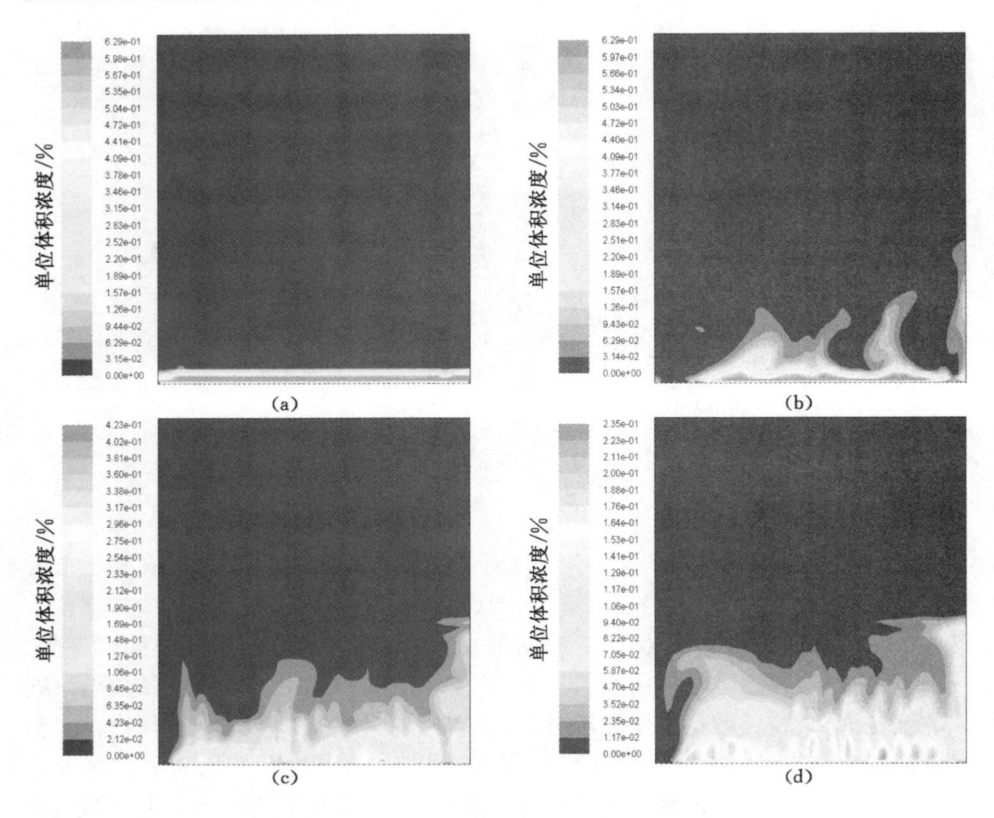

图 5-14　不同时刻黄铁矿颗粒浓度分布云图

(a) $t=2$ s;(b) $t=6$ s;(c) $t=10$ s;(d) $t=14$ s

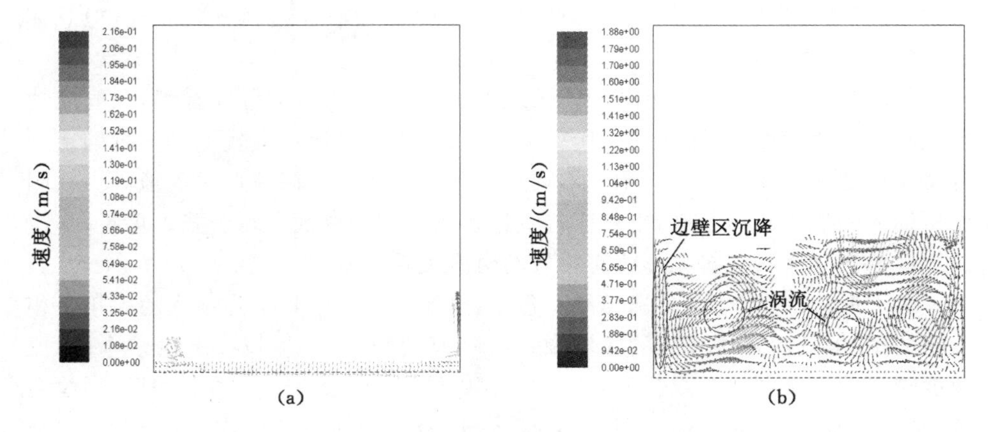

图 5-15　不同时刻黄铁矿颗粒运动矢量图

(a) $t=2$ s;(b) $t=6$ s

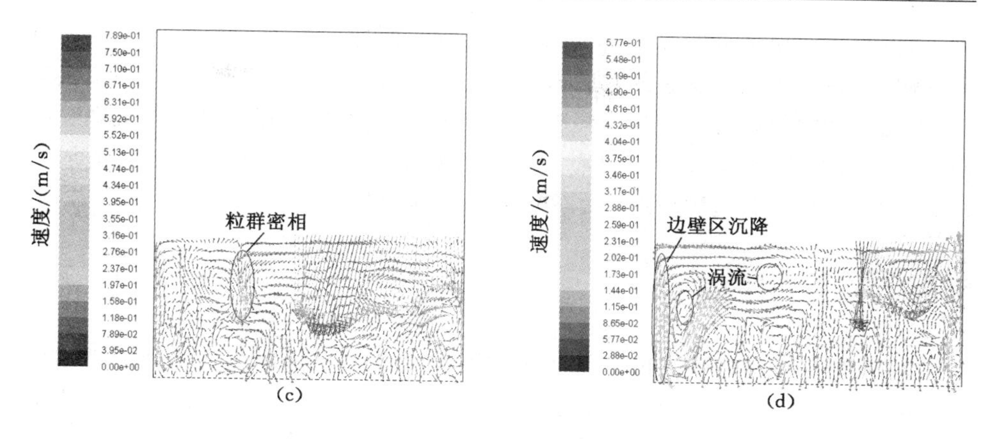

续图 5-15 不同时刻黄铁矿颗粒运动矢量图

(c) $t=10$ s;(d) $t=14$ s

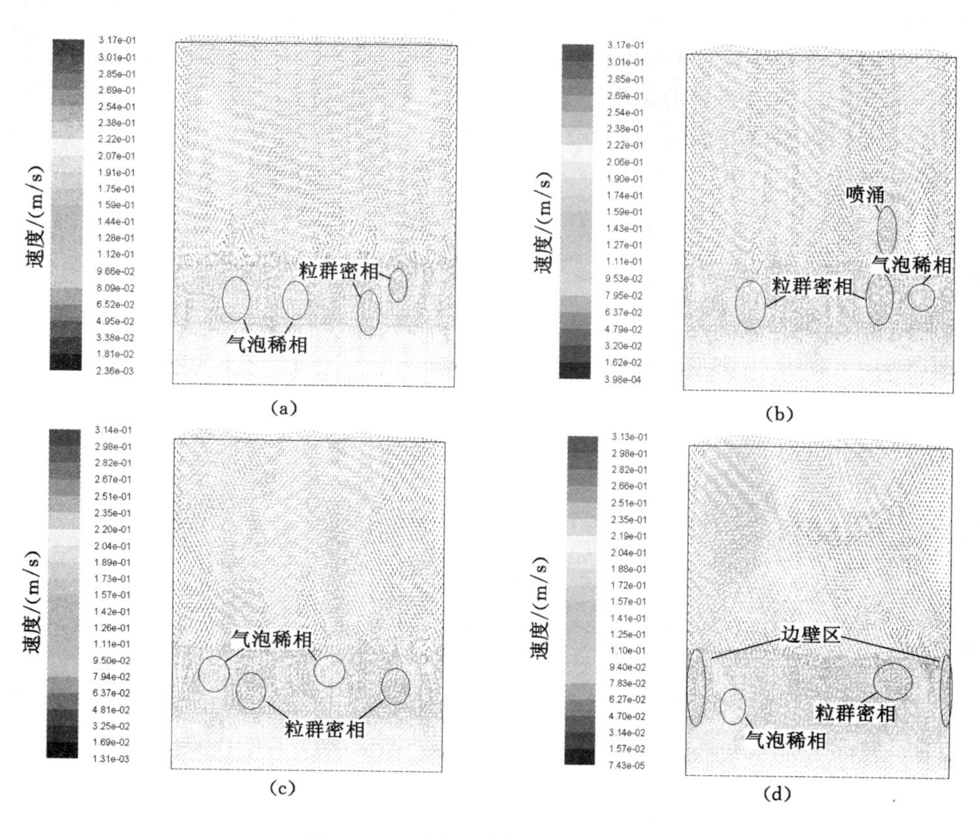

图 5-16 不同时刻气流运动矢量图

(a) $t=2$ s;(b) $t=6$ s;(c) $t=10$ s;(d) $t=14$ s

程中，稀相和密相没有明显的界限并不断转换，保证了分级过程的连续性。可见，颗粒是在两种流化状态的共同作用下完成了按密度分级过程，但在模拟过程中，不同密度颗粒因为粒径的不同而发生等沉现象，并在床层中形成等沉颗粒群而无法按密度分级，实际物料具有比模拟物料更宽的粒级，等沉现象会更加严重。因此，如何克服这种情况将是实际物料分选研究的重点。

5.4 本章小结

本章利用 Matlab 和 Fluent 软件分别对颗粒在流化床中的运动动力学模型和流化床分选过程进行了模拟研究，考察颗粒的运动行为并初步研究颗粒按密度分级行为及机理。研究表明，动力学模型式(4-29)和式(4-30)可以对颗粒在振动流化床中的速度和运动过程进行计算及预测，计算流体力学模拟显示，颗粒在床层中运动的行为和趋势与气流的运动紧密相关，颗粒在气泡稀相区随气泡上升，在粒群密相区沉降，沉降过程中根据沉降末速的不同而分级，最终，煤、石英和黄铁矿三种颗粒分别集中在床层的顶部、中部和底部区域。等沉现象削弱了流化床的按密度分级效果，对粒级更宽的磨煤机返料，如何削弱这种影响将是后续章节研究的重点。

6　稀相振动流化床流化及分选特性研究

为了研究引入振动力场对稀相气固流化床的流化特性的影响以及颗粒在流化床中的运动规律和分离机理，本章在实验室流化床模型机上对示踪颗粒进行流化及分选特性实验，进一步研究颗粒在振动流化床中的分离机理，验证稀相振动气固流化床中颗粒运动动力学模型的准确性，为稀相振动气固流化床分选电厂磨煤机分离器返料奠定理论基础，并为实际物料分选确定分选工艺参数提供依据。

6.1　流化特性研究

6.1.1　研究方法

首先，在不引入振动的条件下，考察模拟物料的流化特性，通过测量床层不同高度的压降，确定起始流化速度及床层膨胀率。其次，通过引入振动来考察不同振动频率条件下流化床各流化特性参数，从而考察振动对稀相气固流化床的影响以及颗粒的运动规律。

为了提高实验数据的可靠性，首先要对床层静高度进行规定和测量。在本书实验中，首先对固定床通入气流，并充分流化物料颗粒，最后逐渐降低风量直至为零，此时的床层高度即为静床高。流化床的起始流化速度受静床高度变化的影响，会有较小的波动。一般来说，随着静床高的增加，同一物料的起始流化速度也会随之稍有增加。流化特性实验中的流化床层静床高定为 80 mm。逐步增大流化床进风量，使用风速计测定气流速度，并测定床层各点压降及床层高度，由此计算出不同条件下的起始流化速度和床层膨胀率等参数。

6.1.2　实验物料及结果

为了使分选实验结果更有说服力，与真实物料，即电厂磨煤机分离器返料更接近，本章实验物料选取橡胶珠、玻璃珠和氧化铝珠分别模拟返料中煤、硅酸盐矿物和黄铁矿等高密度矿物。由于分离器返料粒度较细，大部分在 0.125～0.25 mm 之间，在市场上很难获得相似粒度的球形模拟物料颗粒，因此，为简化实验，根据返料筛分实验数据中的主导粒级，橡胶珠、玻璃珠和氧化铝珠均选用

0.25 mm 和 0.5 mm 粒径，其中，相同密度物料中 0.25 mm 粒径与 0.5 mm 粒径颗粒的质量比选为 4∶1。

在上述选择实验物料的基础上，将实验物料分为三组，即橡胶珠与玻璃珠、橡胶珠与氧化铝珠、三种颗粒混合，实验物料组成如表 6-1 所列，其中，质量比是指在按粒径配比后各种物料的总质量比。

表 6-1　模拟物料组成

序号	1		2		3		
物料组成	橡胶珠	玻璃珠	橡胶珠	氧化铝珠	橡胶珠	玻璃珠	氧化铝珠
质量比	1∶1		1∶1		5∶4∶1		

第 1 组实验物料在无振动（0 Hz）和振动（40～60 Hz）条件下的流化特性曲线和膨胀特性曲线如图 6-1 所示。

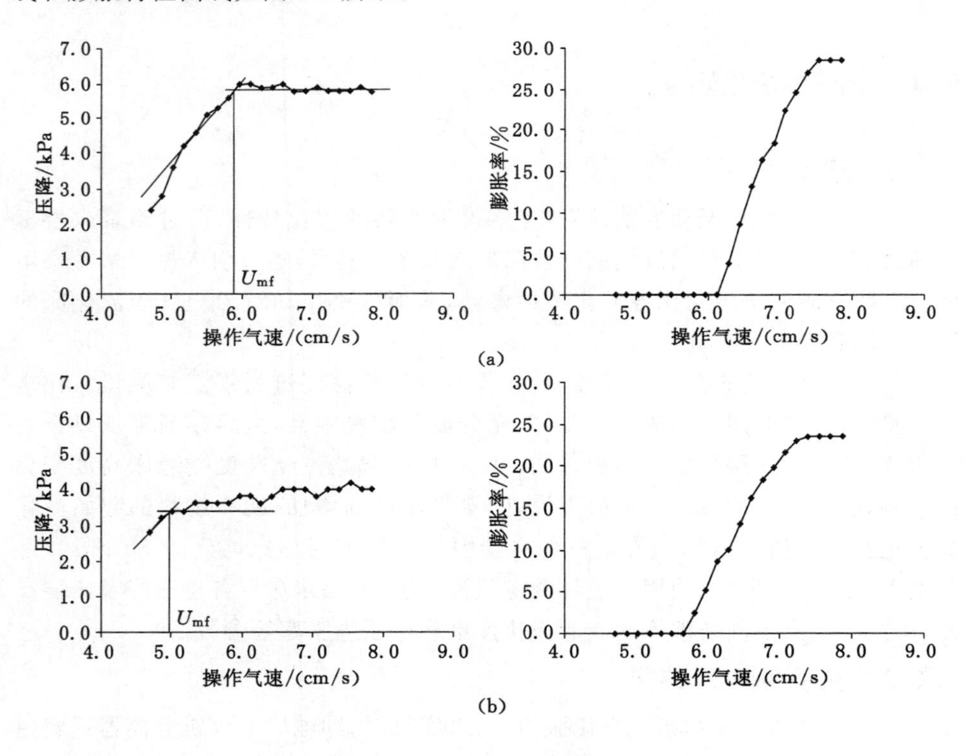

图 6-1　不同振动频率流化特性曲线和床层膨胀曲线

(a) 0 Hz；(b) 40 Hz

由图可知，在无振动情况下，流化床的起始流化速度为 5.85 cm/s，引入振动

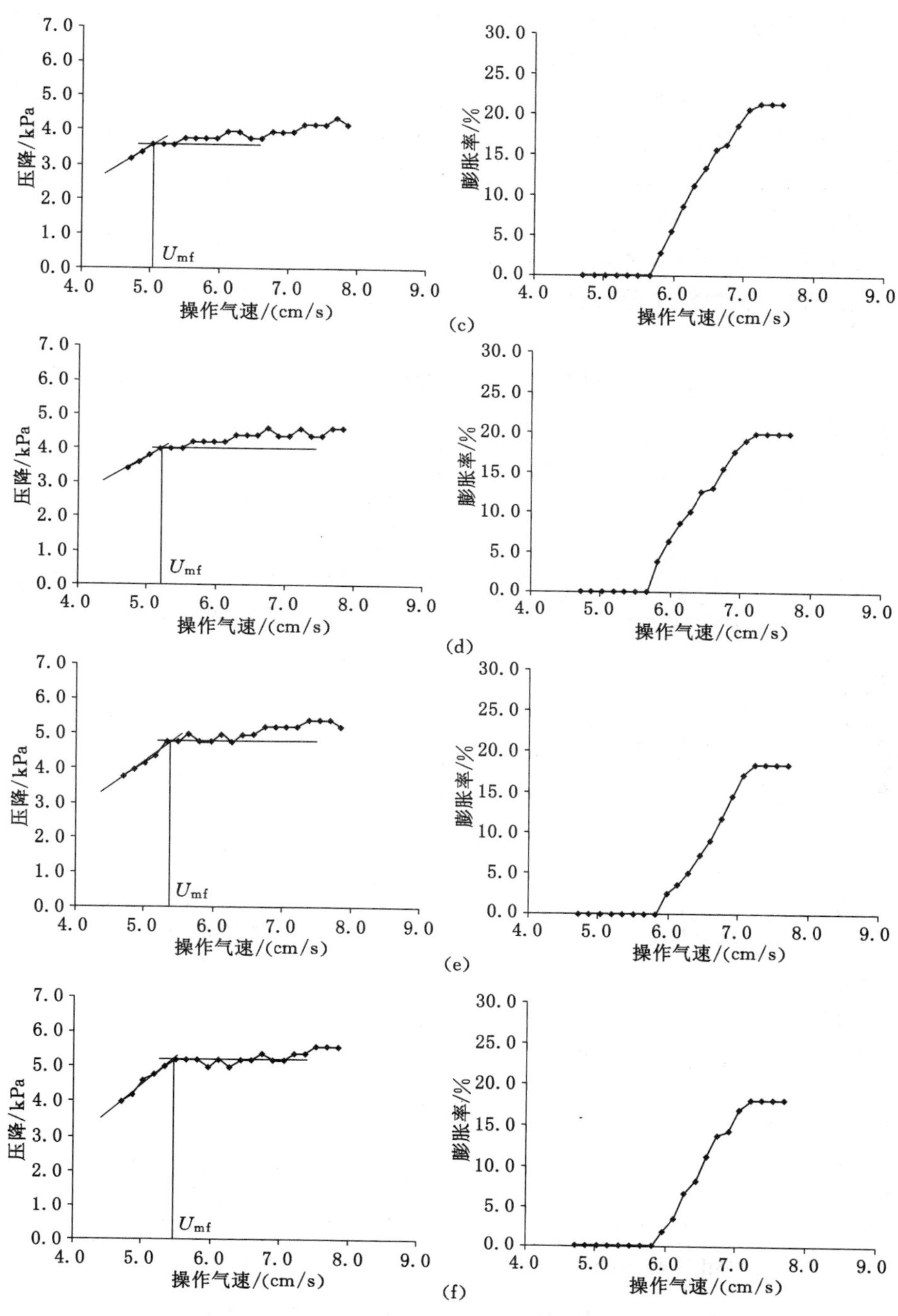

续图 6-1　不同振动频率流化特性曲线和床层膨胀曲线

(c) 45 Hz;(d) 50 Hz;(e) 55 Hz;(f) 60 Hz

之后，流化床的起始流化速度比不加振动时显著降低，为 4.9～5.5 cm/s，其中在 40 Hz 时最小，为 4.9 cm/s。床层的膨胀率也随着振动的引入而有所下降，而且随着振动频率的增大，膨胀率有减小的趋势。可以看到，无振动加入时，床层膨胀率随操作气速的增加而快速增加，气速在 7.5 cm/s 时达到最大，为 28.5%；加入振动后，床层膨胀率增加缓慢，在 7 cm/s 左右达到最大，频率较低时，随着频率的增加，床层膨胀率有一个突降的过程，从 40 Hz 时的 23.5%降至 50 Hz 时的 20%，在 55 Hz 和 60 Hz 时的膨胀率基本不变，分别为 18.5%和 18%。

第 2 组实验物料在无振动和振动条件下的流化特性曲线如图 6-2 所示。

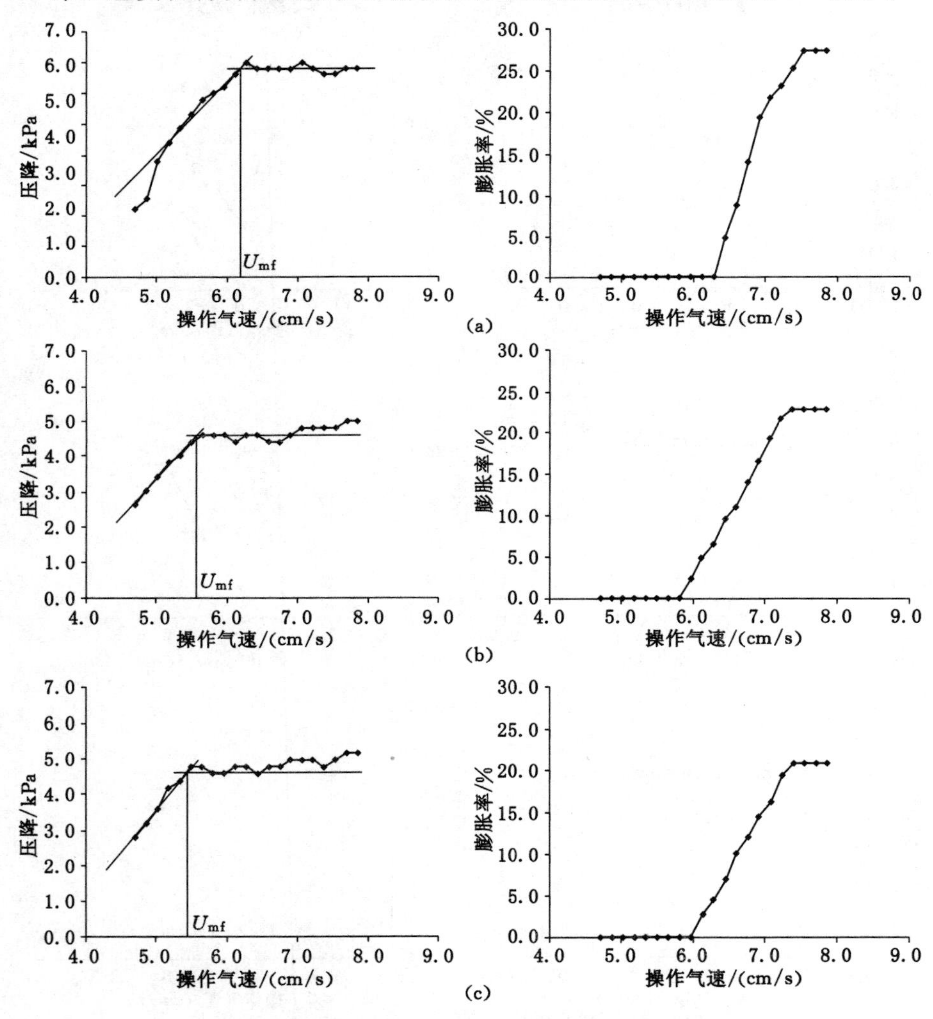

图 6-2 不同振动频率流化特性曲线和床层膨胀率曲线

(a) 0 Hz；(b) 40 Hz；(c) 45 Hz

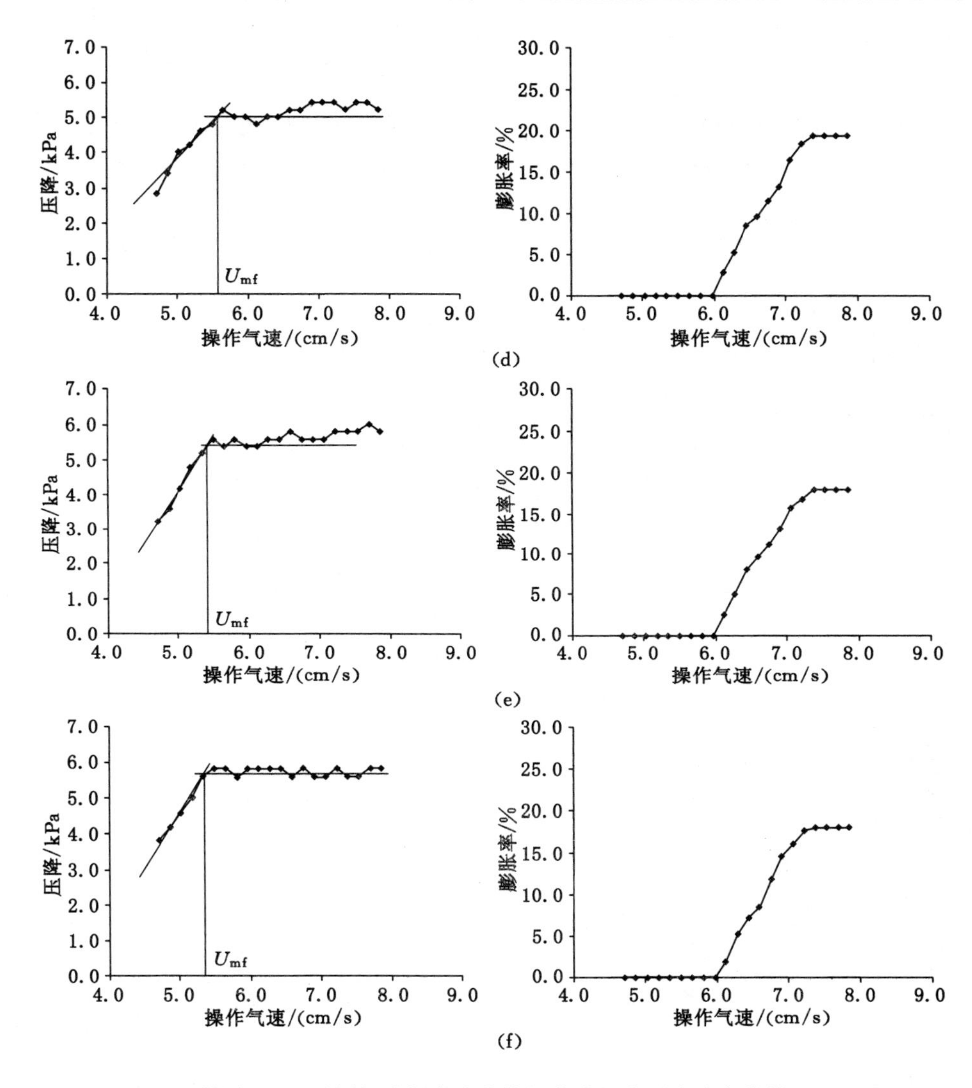

续图 6-2 不同振动频率流化特性曲线和床层膨胀率曲线

(d) 50 Hz;(e) 55 Hz;(f) 60 Hz

由图可知,由于实验物料的不同,即高密度组分由氧化铝颗粒代替,床层密度有所增加,使得这组实验的起始流化速度整体略微增加。但相同的是,振动的引入使床层起始流化速度降低,无振动时,起始流化速度为 6.2 cm/s;引入振动之后的床层起始流化速度为 5.3～5.7 cm/s,其中在 60 Hz 时最小,为 5.3 cm/s。床层的膨胀率也同样随着振动的引入而有所下降,而且随着振动频率的增大,膨胀率有减小的趋势。无振动时,床层快速膨胀,稳定时膨胀率为 27.5%,加入振动后,床层缓慢升高，膨胀率随之缓慢增加，40 Hz 时最大，为 23%，55 Hz 和 60 Hz 时最小，为 18%。

第 3 组实验物料在无振动和振动条件下的流化特性曲线如图 6-3 所示。

这组实验物料中的氧化铝含量较少，用来模拟实际采样物料即磨煤机返料，其组成与第 1 组实验类似，因此流化特性实验结果也与第 1 组实验结果类似。从图 6-3 可见，无振动情况下，流化床的起始流化速度为 6 cm/s，振动流化床的

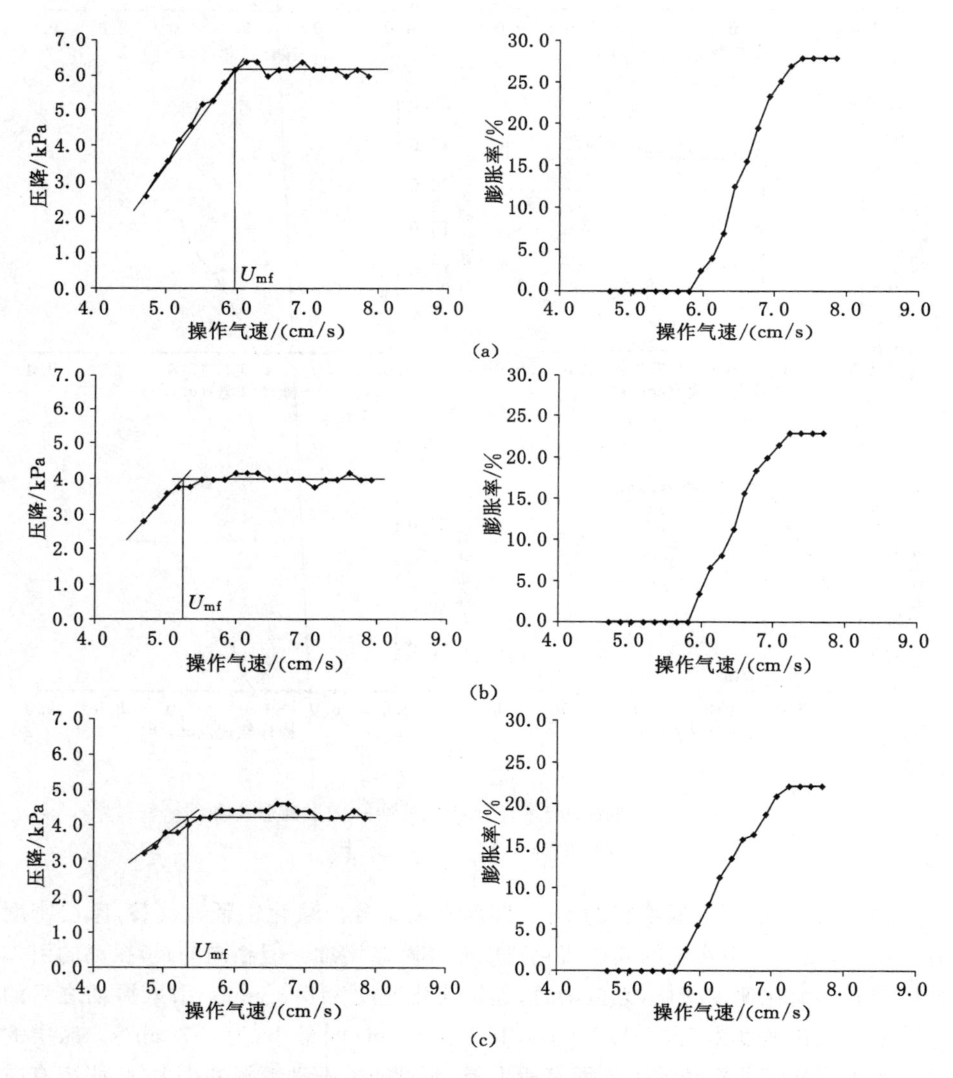

图 6-3　不同振动频率流化特性曲线和床层膨胀率曲线

(a) 0 Hz；(b) 40 Hz；(c) 45 Hz

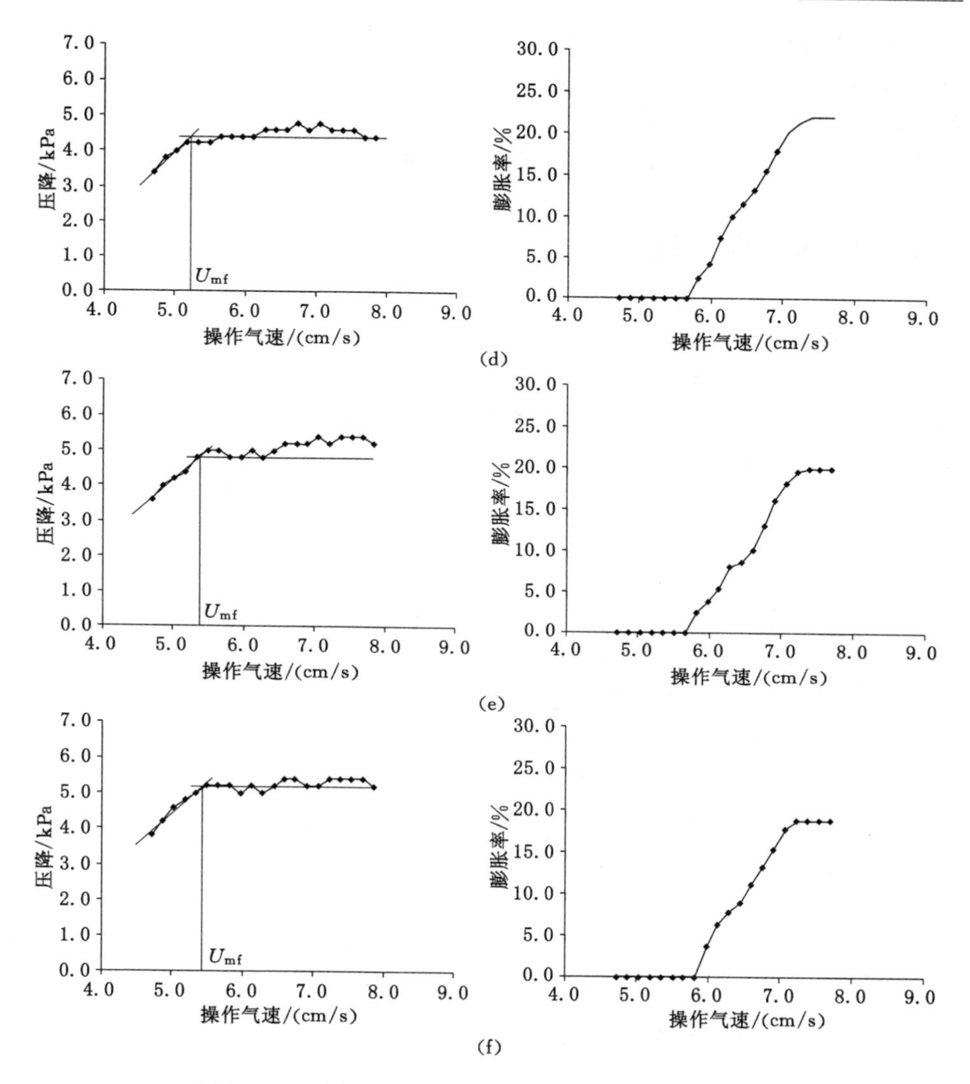

续图 6-3 不同振动频率流化特性曲线和床层膨胀率曲线

(d) 50 Hz;(e) 55 Hz;(f) 60 Hz

起始流化速度比不加振动时有所降低，为 5.2～5.5 cm/s，其中在 40 Hz 时最小，为 5.25 cm/s。与之前一样，床层的膨胀率也随着振动的引入而有所下降，而且随着振动频率的增大，膨胀率有减小的趋势，其中无振动时的床层膨胀率为 28%，振动频率为 40 Hz 时为 23%，当振动频率增加到 60 Hz 时最小，为 18.8%。

综上所述，振动的引入使流化床的起始流化速度下降，床层膨胀率下降。

从图中可以看出，引入振动之后，随着振动频率的增加，相同气速条件下的压降又缓慢增加，这是因为低频率振动条件下，床层颗粒上下运动幅度较大，床层松散，随着振动频率的增加，振动幅度减小，颗粒相互运动加剧，床层也越来越密实，阻碍了气流的上升。与此同时，层床的膨胀率不断下降。

6.2 分选特性研究

6.2.1 研究方法

分别在无振动和振动条件下，对示踪物料进行流化分选试验，按一定厚度比例对床层进行划分，分析各层产物的粒度和密度组成，并计算轻产物和重产物的分选效率。分选效率计算方法采用 Worrell 表达式[157,158]的平方根形式，表达式为：

$$\xi = \left(\frac{Z_f}{Z_r} \times \frac{Q_f}{Q_r}\right)^{1/2} \times 100\% \tag{6-1}$$

式中 ξ——分选效率；

Z_f——沉物中的重组分质量；

Z_r——入料中的重组分质量；

Q_f——浮物中的轻产物质量；

Q_r——入料中的轻产物质量。

通过计算各层粒度级分布标准偏差得到粒度分布均匀系数[44,159]，用来比较两组物料在流化床中的粒度分布，计算公式如下：

$$S_d = \sqrt{\frac{1}{N-1}\sum_{i=1}^{n}(\varphi_i - \bar{\varphi}_d)^2} \tag{6-2}$$

式中 N——床层层数；

φ_i——第 i 层物料的产率，即该层物料所占整个床层物料的质量百分数；

$\bar{\varphi}_d$——某粒度级物料在各层中产率的平均值。

通过计算各层密度级分布标准偏差得到密度分布均匀系数[44,159]，用来比较两组物料在流化床中的密度分布，计算公式如下：

$$S_r = \sqrt{\frac{1}{N-1}\sum_{i=1}^{n}(\varphi_i - \bar{\varphi}_\rho)^2} \tag{6-3}$$

式中 N——床层层数；

φ_i——第 i 层物料的产率，即该层物料所占整个床层物料的质量百分数；

$\overline{\varphi}_\rho$ ——某密度级物料在各层中产率的平均值。

使用日本 OLYMPUS 公司的颗粒高速动态分析系统 i-SPEED3 对示踪颗粒流化分选过程进行拍摄、分析，并使用该系统配套专用的 i-Speed Control Pro 分析软件对颗粒和气泡进行追踪，观察和研究气泡的生成、聚并等机理，对颗粒运动的速度、位移、运动轨迹等参数进行分析[120,160]，研究物料颗粒在振动流化床流场中按密度分离的机理。

6.2.2 实验物料及结果分析

与上述相同，实验物料仍然采用橡胶珠、玻璃珠和氧化铝珠，粒径均为 0.5 mm 和 0.25 mm，实验过程物料组成如表 6-2 所列，各组物料的粒度、质量比与流化特性试验完全相同，不同的是，为了方便对不同材料及不同粒度颗粒进行拍摄分析，对不同颗粒进行涂色处理。其中，橡胶珠为黑色，玻璃珠为白色，氧化铝珠为红色。

表 6-2 模拟物料组成

序号	1		2			3	
物料组成	橡胶珠	玻璃珠	橡胶珠	氧化铝珠	橡胶珠	玻璃珠	氧化铝珠
质量比	1∶1		1∶1			5∶4∶1	

物料床层静床高为 80 mm，根据各振动条件下的流化特性实验，选择气流速度为各条件下起始流化速度的 3 倍作为分层实验的操作气速，即在流化数为 3 的条件下来考察振动对模拟物料分级过程的影响[44,159]，振动频率分别选择 40 Hz、45 Hz、50 Hz、55 Hz、60 Hz。同时开启进气和振动，并让分级过程持续一定时间后同时停止进气和振动，之后在垂直方向上按 1∶3∶3∶1 的厚度比将分选后的物料床层分成四层，并用微型集尘器将各层物料均匀取出。其中，靠近布风板的为第四层，最上部为第一层。分别对三组实验在不同频率条件下的各层产物进行筛分和浮沉实验，分析粒度及密度组成。

(1) 橡胶珠和玻璃珠分选实验

图 6-4 所示为该组物料在不同频率条件下的各层产物粒度分布曲线，图 6-5 所示为各层产物中轻组分(橡胶)和重组分(玻璃)所占百分含量曲线。

从图 6-4 可以看出，分层过程中颗粒存在一定的按粒度分级现象，基本按照从上至下粒度逐渐增大的规律分布。其中第一层中的细颗粒百分含量最高，第四层中的粗颗粒百分含量最高，而第二、三层的粒度分布基本相同，但在振动频率 50 Hz 和 55 Hz 条件下，第二层和第三层粒度分布出现变化，第二层细颗粒含量少于第三层，粗颗粒含量则明显多于第三层，由于模拟颗粒密度差异较大，物料分层后，大颗粒轻组分存在于轻组分层和细颗粒重组分层之间，而细颗粒重组

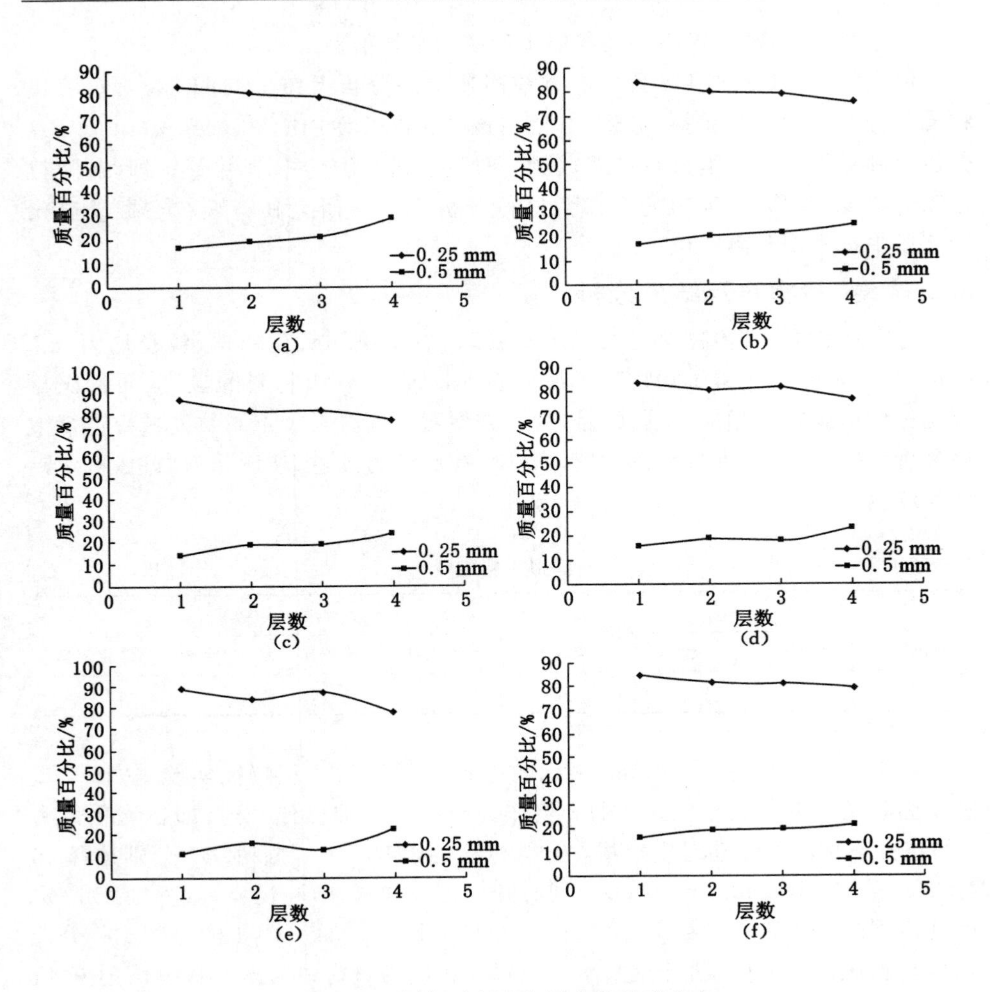

图 6-4　不同振动频率各层产物粒度分布

(a) 0 Hz;(b) 40 Hz;(c) 45 Hz;(d) 50 Hz;(e) 55 Hz;(f) 60 Hz

分存在于大颗粒轻组分层和重组分层之间，即存在等沉现象。从图 6-5 可以看出，模拟物料按密度进行了分层，重组分主要集中在第四层，轻组分主要集中在前三层，而第三层中的重组分明显高于前两层。其中，在 50 Hz 和 55 Hz 条件下，第一层和第二层密度分布基本相同，这表明在该振动条件下，物料层密度组成和分布更均匀。

从电厂生产经济性角度考虑，尽可能除去少而纯的重组分，因此将模拟物料分为两种产物，即将前三层产物合并视为轻产物，第四层产物视为重产物。根据式(6-1)对不同振动频率下各组实验的分选效率进行计算，结果如表 6-3 所列。

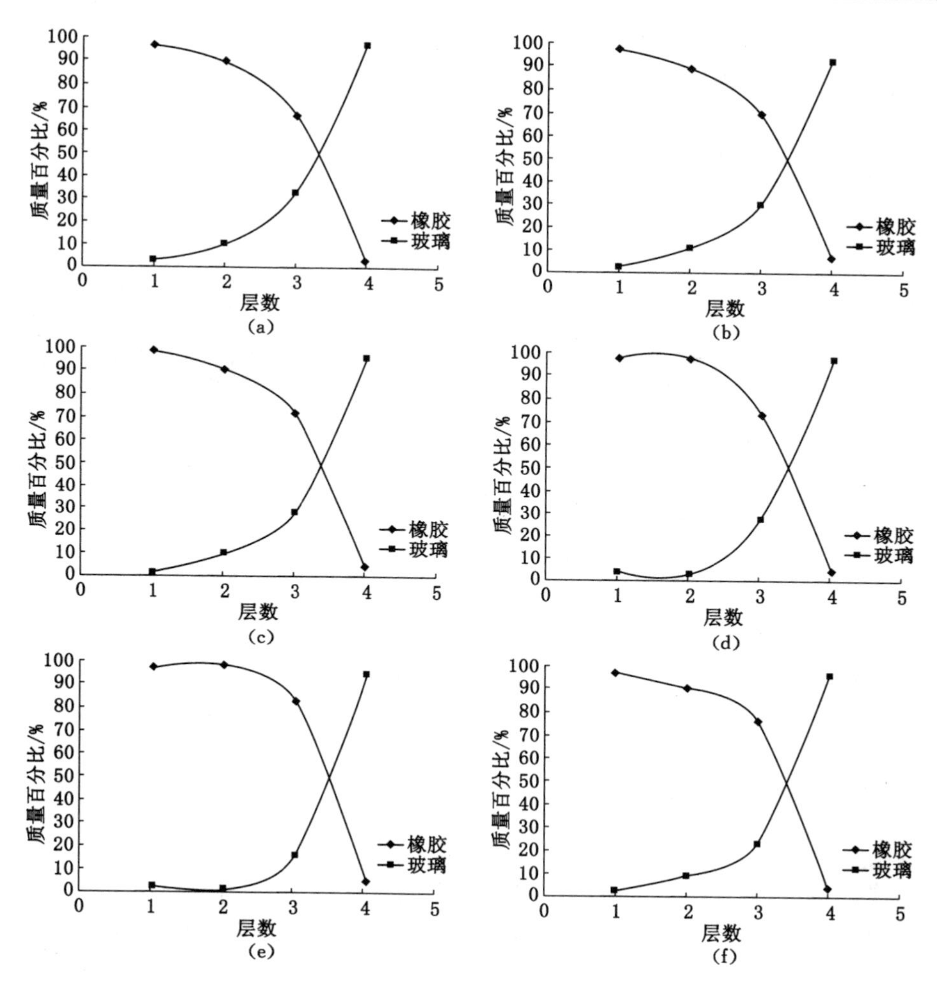

图 6-5　不同振动频率各层产物密度分布

(a) 0 Hz;(b) 40 Hz;(c) 45 Hz;(d) 50 Hz;(e) 55 Hz;(f) 60 Hz

表 6-3　不同振动频率分选效率

频率/Hz	0	40	45	50	55	60
分选效率/%	81.58	81.14	83.68	85.56	89.55	85.19

从表中可见，当振动频率在 40 Hz 时物料分选效率最低，为 81.14%；55 Hz 时，分选效率最高，为 89.55%。

（2）橡胶珠和氧化铝珠分选实验

图 6-6 所示为该组物料在不同频率条件下的各层产物粒度分布曲线，图 6-7 所示为各层产物中轻组分和重组分所占百分含量曲线。

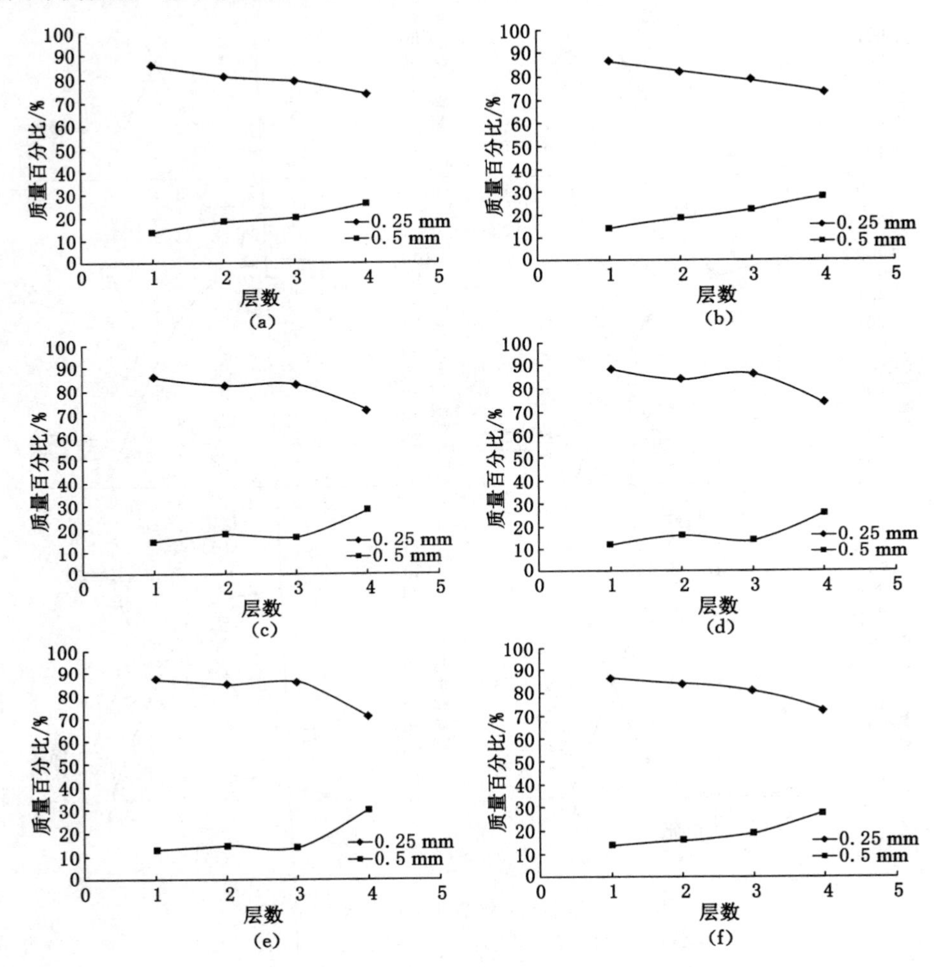

图 6-6　不同振动频率各层产物粒度分布

(a) 0 Hz；(b) 40 Hz；(c) 45 Hz；(d) 50 Hz；(e) 55 Hz；(f) 60 Hz

从图 6-6 可以看出，分选过程中颗粒同样存在一定的按粒度分层现象，从上至下粒度逐渐增大，前三层物料粒度分布基本相同，第四层粗颗粒明显增加，由此可见这组实验比第一组实验粒度分级更显著。其中在 55 Hz 条件下，前三层颗粒粒度组成更接近。从密度分布曲线可见在这组实验中，由于该组模拟物料密度差异更大，物料按密度分层的效果更明显，前三层物料密度组成差异不大，第四层物料中低密度组分明显降低，高密度组分则显著增加。与上组实验相比，

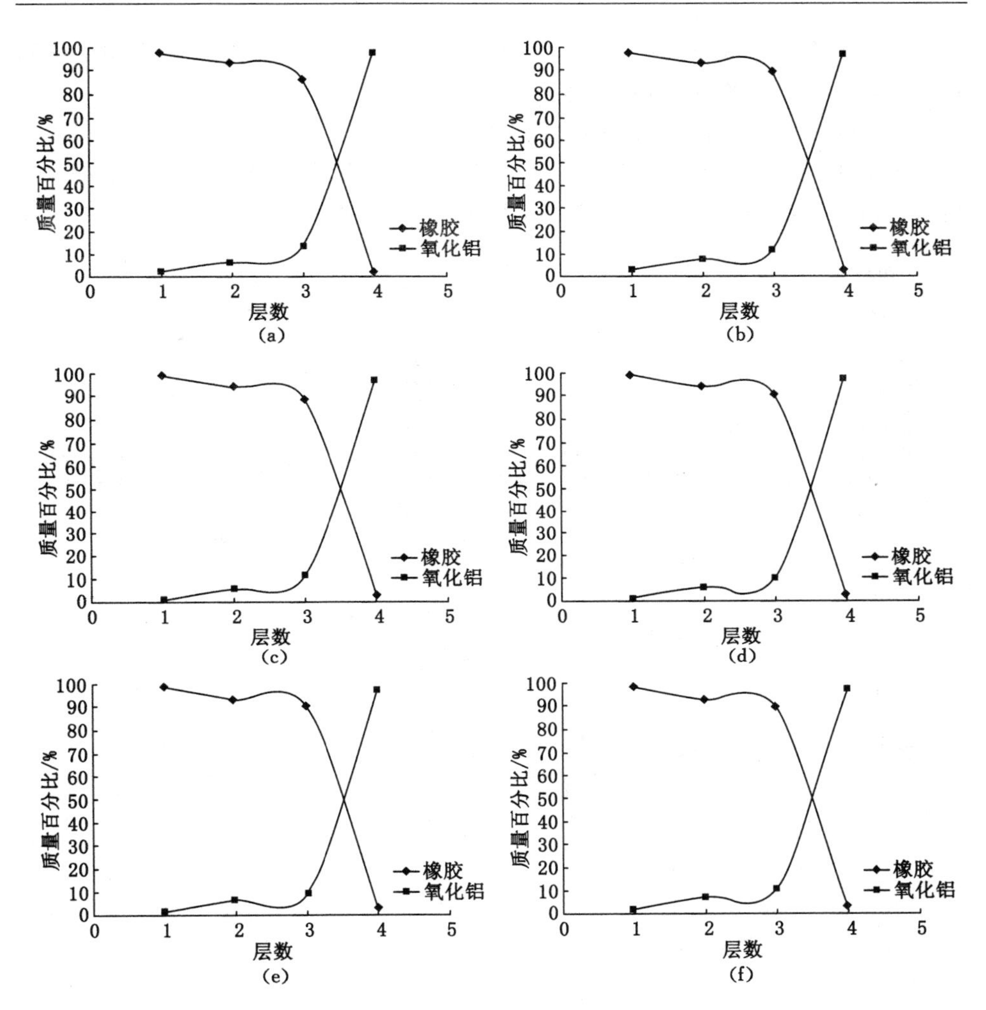

图 6-7 不同振动频率各层产物密度分布

(a) 0 Hz;(b) 40 Hz;(c) 45 Hz;(d) 50 Hz;(e) 55 Hz;(f) 60 Hz

并没有出现第三层物料高密度组分突增的现象。

根据式(6-1)对不同振动频率下各组实验的分选效率进行计算,结果见表6-4。

表 6-4 不同振动频率分选效率

频率/Hz	0	40	45	50	55	60
分选效率/%	90.04	89.81	90.71	91.50	91.41	90.57

从表 6-4 可见,振动频率在 40 Hz 时,分选效率达到最低,为 89.81%;50 Hz 条件下,分选效率达到最高,达到了 91.50%。

(3) 橡胶珠、玻璃珠和氧化铝珠分选实验

图 6-8 所示为该组物料在不同频率条件下的各层产物粒度分布曲线,图 6-9 所示为各层产物中轻组分和重组分所占百分含量曲线。

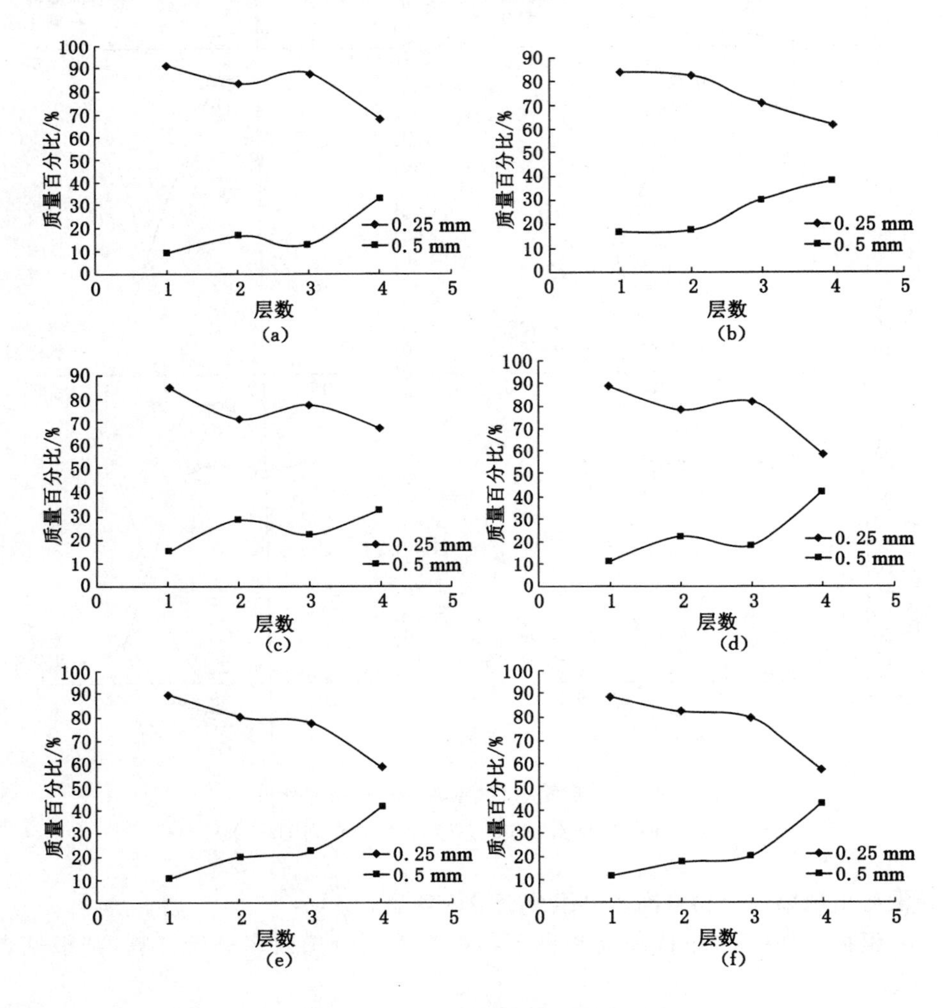

图 6-8 不同振动频率各层产物粒度分布

(a) 0 Hz;(b) 40 Hz;(c) 45 Hz;(d) 50 Hz;(e) 55 Hz;(f) 60 Hz

从图 6-8 可以看出,三种材料组成的物料在分选过程中颗粒按粒度进行了一定的分级,粒度分布规律与第一组实验类似。第一层中的细颗粒百分含量最高,第四层中的粗颗粒百分含量最高,而第二、三层的粒度分布基本相同,从密度

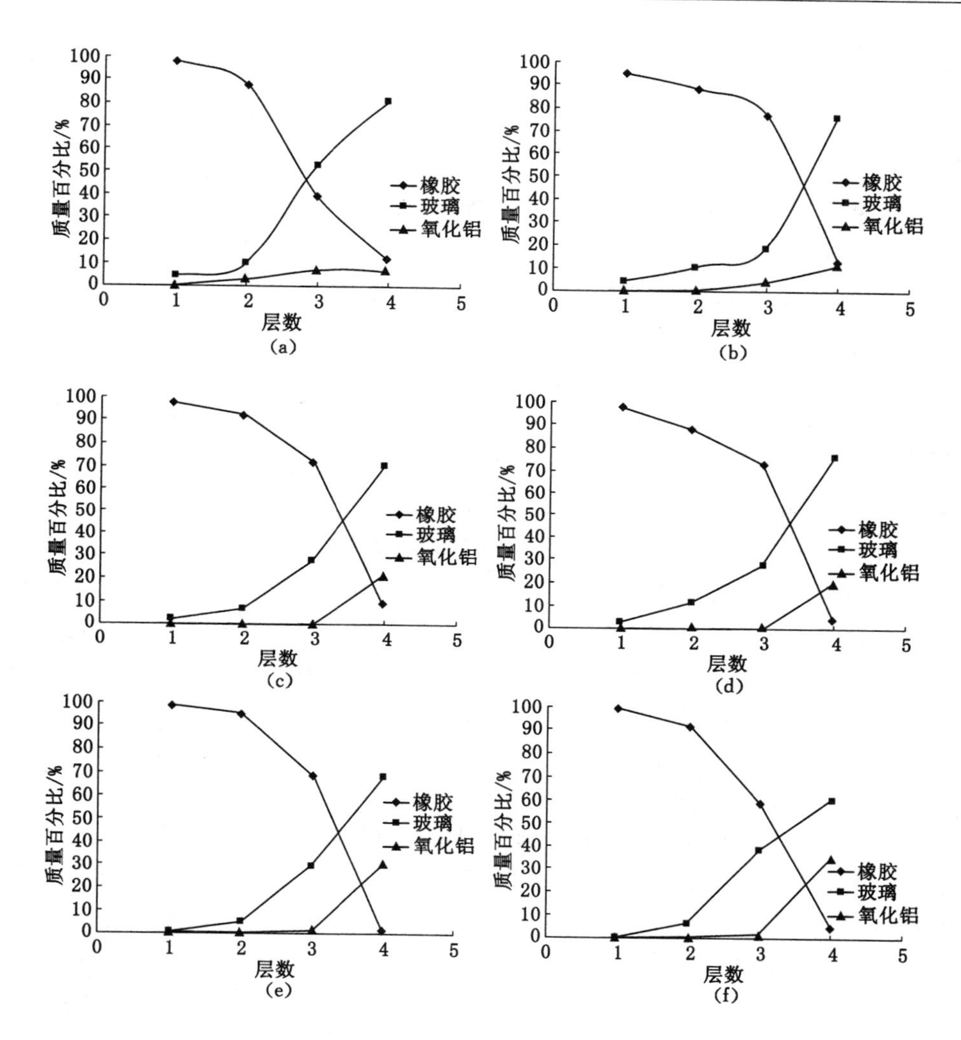

图 6-9　不同振动频率各层产物密度分布

(a) 0 Hz;(b) 40 Hz;(c) 45 Hz;(d) 50 Hz;(e) 55 Hz;(f) 60 Hz

分布曲线看,物料同样按密度进行了分层,与前两组实验相比较,轻组分分布在上层,重组分分布在底层。其中,第一层和第二层密度组成相近,第三层低密度组分降低,高密度组分含量升高,这与第一组实验相类似。

在这组实验中,将玻璃珠和氧化铝珠混合层看作重组分,橡胶珠看作轻组分。根据式(6-1)计算对不同振动频率下各组实验的分选效率,结果见表 6-5。

表 6-5　　　　不同振动频率分选效率

频率/Hz	0	40	45	50	55	60
分选效率/%	72.12	81.46	83.33	83.04	84.85	80.39

从表 6-5 可见，振动频率在 0 Hz 条件下，分选效率最低，为 72.12%；55 Hz 时，分选效率最高，为 84.55%。

从以上三组分级实验结果来看，物料在流化床中存在一定的按粒级分层现象，在密度分级方面，密度差异较大的物料分层效果最明显，低密度和高密度组分很容易就能分离，分选效率也较高，如橡胶和氧化铝组合。由分选效率可知振动对分选过程产生了有利影响，但振动并不是越大越好，综合来看，振动频率在 55 Hz 时，可获得较好的分级效果，而在 40 Hz 时，分级效果较差。

6.2.3　示踪颗粒沉降行为及机理

对上述实验模拟物料分级过程进行高速动态分析，对示踪颗粒流化分级过程进行拍摄、分析，并使用该系统配套专用的 i-Speed Control Pro 分析软件对颗粒分层过程进行追踪，研究气泡在振动流化床中的行为和物料按密度分离的机理。针对分离器返料性质和前面的流化特性以及分级特性实验结果，选择第 3 组物料组合，即橡胶、玻璃和氧化铝组成的示踪颗粒进行拍摄分析。

图 6-10 所示为不同振动频率下该物料组合的分层过程，每种振动频率下选择物料在 4 个时刻的分层状态进行分析。

由图 6-10 可知，在物料流化分级过程中，床层因膨胀而高度增加，床层由静止状态发展为鼓泡流态化，经过一定时间的流化，物料逐渐分层，最终重组分和轻组分得到了分离。实验发现，振动的引入对于物料按密度分层是有利的，一方面使起始流化速度明显减小，另一方面减小了分层之后的返混现象。当振动频率为 55 Hz 时，床层分层效果及稳定性最好。但从高速动态摄像分析发现，振动的引入，降低了物料的分层速度。相反，在无振动的情况下，物料的分层则较快。但在完全分层之后，加振动的床层更稳定，在轻、重组分分界面上和床层上表面没有剧烈的喷涌、气泡短路等现象。而无振动时在轻、重组分分界面上床层不稳定，流化床稳定性下降，在床层表面局部区域会出现剧烈的喷涌及杨析现象。

在固定床中，除非一种颗粒的粒径小于另一种颗粒粒径的六分之一，细颗粒会渗透到粗颗粒的空隙间，否则由于颗粒之间不会发生相对运动，不能产生颗粒的混合和分级[62]。在流化床中，普遍认为气泡是引起颗粒分级和混合的主要因素[161]，图 6-11 表示了由于气泡上升运动导致颗粒分级和混合的机理[161]。在床层内，气泡上升时，其尾迹携带颗粒上升，而气泡离开后的空间由气泡周围的颗粒来补充，造成气泡经过区域的颗粒上升。为了平衡床层的整体上升，相邻的无

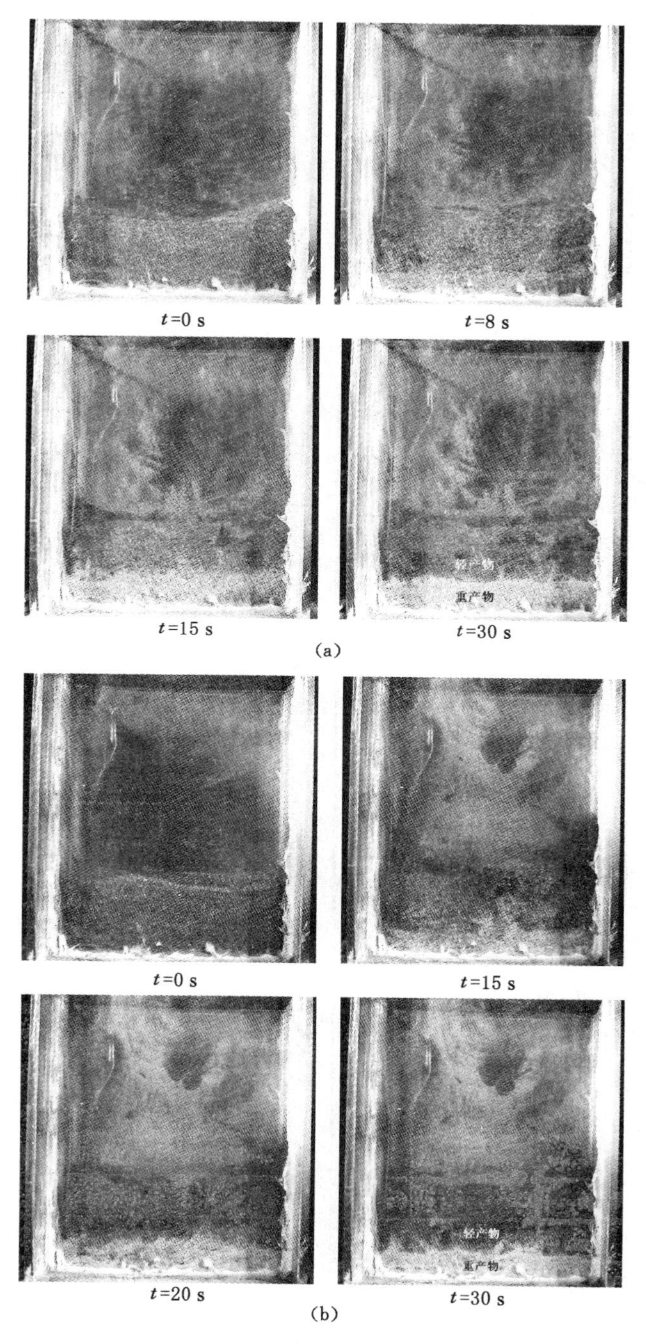

图 6-10　不同振动频率流化床分层过程

(a) 0 Hz;(b) 40 Hz

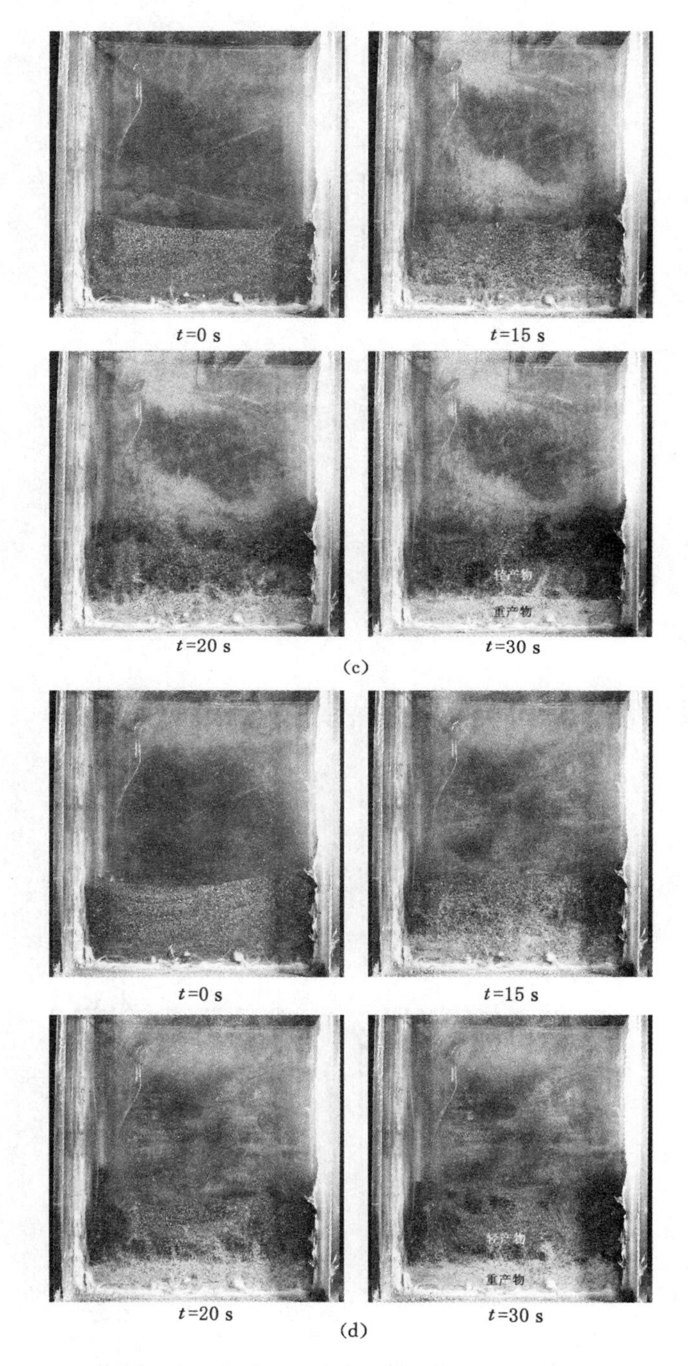

续图 6-10 不同振动频率流化床分层过程

(c) 45 Hz;(d) 50 Hz

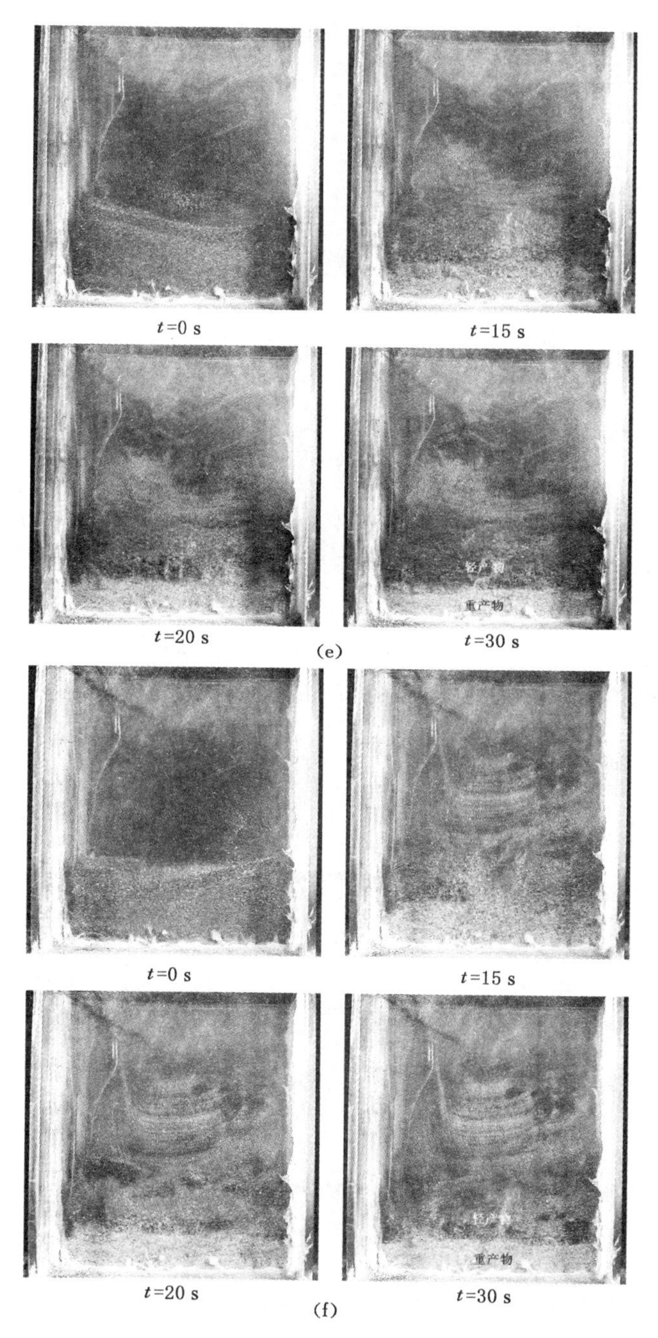

续图 6-10 不同振动频率流化床分层过程

(f) 55 Hz;(e) 60 Hz

气泡区域则会产生颗粒的下降。气泡在上升过程中，尾迹剥落使得尾迹内的颗粒与床层内其他部分的颗粒不断进行交换，最终气泡在床层表层破裂，气泡尾迹内的颗粒被夹带至床层表面。

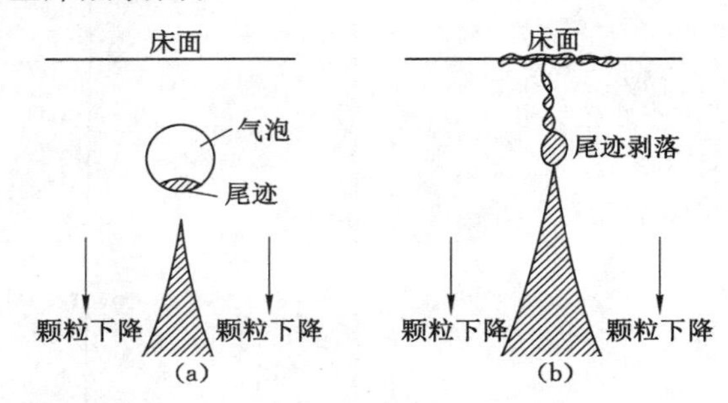

图 6-11　气泡上升运动中颗粒分级和混合机理

图 6-12 所示为颗粒在振动流化床中的分层过程。从图中可以看到，气泡在上升过程中带动周围颗粒上升，颗粒黏附在气泡上，其中包括气泡边界和气泡尾迹区的颗粒。气泡在上升过程中会发生聚并，直至冲出床层并破裂，而气泡周围的颗粒上升速度会逐渐下降，最终脱离气泡，并在气泡尾部和周边空间发生沉降。在沉降过程中，根据沉降末速的不同，不同颗粒将进行分层。

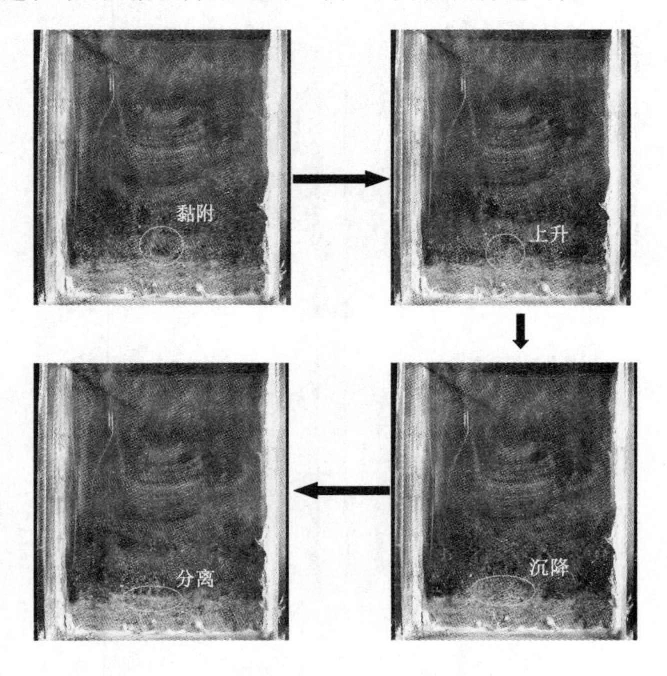

图 6-12　颗粒分离过程

从以上各图可以看到，在整个流化床分层过程中，物料按密度分离分为三个阶段，即流化阶段、鼓泡阶段和颗粒分离阶段。在高速动态拍摄过程中，我们发现，鼓泡及节涌现象虽然对床层的稳定性有破坏作用，但对于颗粒按密度分层过程却产生了有利影响，特别是振动的引入之后，气泡生成量增多，并出现聚并、增大，最终形成气塞，并沿整个床层做有规律、类似活塞式的上升运动。究其原因，可以解释为，振动的引入使能量通过布风板传递给床层中的气泡，使气泡在垂直和水平方向上均受力，水平方向上的力使气泡的能量在水平方向上得到分散，气泡之间接触概率增大，聚并的概率也相应增加，聚并后的气泡沿床层径向形成气塞，而振动施加在垂直方向上的分力为正弦力，使气塞做周期性、类似活塞式的向上运动[110]，其位移和速度分别表示为：

$$S_q(t) = A_0 \sin(2\pi f t) \tag{6-4}$$

$$v_q(t) = 2\pi f A_0 \cos(2\pi f t) \tag{6-5}$$

式中　A_0 ——振幅；

　　　f ——振动频率。

床体带动气塞做上下周期运动，在床层中产生周期性的脉冲气塞，如图6-13所示。在示踪颗粒的分层过程中，可以观察到：当气塞通过床层时，颗粒沿着气泡外围沉降，颗粒在这个沉降过程中得到了分离，而在不同振动频率下，这种类似活塞式的运动频率会发生变化。可以看到：不同振动频率下，流化床中的节涌形成的气塞的数量是不同的，随着振动频率的提高，气塞通过床层的间隔变短，

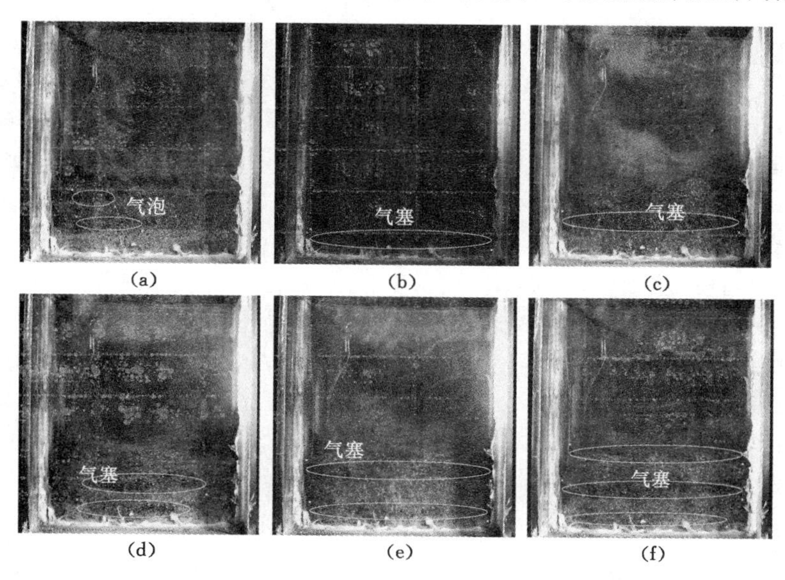

图 6-13　不同振动频率下气塞生成示意图

(a) 0 Hz；(b) 40 Hz；(c) 45 Hz；(d) 50 Hz；(e) 55 Hz；(f) 60 Hz

会出现两个或更多气塞同时生成、上升的情况。

对物料分层过程中的现象进行分析,我们发现:在没有引入振动的情况下,气泡在底部靠近布风板的区域生成,气泡在流化床中不断上升,并不断由小变大,当到达流化床顶部时,气泡冲出床面后迅速破裂。气泡经历了生成、聚并、破裂等一系列的变化,整个过程不会受其他气泡运动的影响,行为单一。随着振动的引入,床层在垂直和水平方向上均受力,促进了气泡的聚并,并使得单个气泡的形状由轴向尺寸大于径向尺寸型向径向尺寸大于轴向尺寸型转变,尺寸得到增大,并且分布更均匀。而且在分层过程中,重组分由于密度较大,在床层底部开始聚集,这部分重组分颗粒起到了二次布风的作用[44,162],使气流再次分散,避免了气泡的局部快速增大。这两方面的综合作用,使得振动流化床床层更稳定。

从高速动态摄像过程中,我们发现:振动的引入使得床层底部物料明显地做上下周期运动,其中低密度颗粒(橡胶)在运动过程中不断上升,高密度颗粒(玻璃、氧化铝)则不断下沉,而在床层上部区域,气泡稀相区占主体,颗粒基本不受振动力的影响,没有一个上下周期运动的现象。由此说明了振动的引入使得物料在振动流化床中垂直方向上存在两种受力情况,这与第 4 章对振动流化床中颗粒受力分析结果一致,与第 5 章数值模拟结果也一致,证明了所建立的数学模型的正确性和可用性。

针对引入振动之后颗粒按密度分层速度变慢的现象,可从两方面解释,一方面是振动的引入,使布风板带动物料床层做周期性的上升—下降振荡运动,下落过程中,粒径较小颗粒填补到较大颗粒之间的间隙,颗粒之间在床层中有一个振实的趋势,这样就导致颗粒沉降阻力增加,使得颗粒分离较慢;另一方面,从图 6-13 可以看出,振动使气泡在流化床横截面上形成有规律的向上运动的气塞,这种类似活塞运动的气塞在床层中产生脉动,使物料颗粒不断地受到加速、减速效应。这对颗粒按密度分离是有利的[120,163,164],初次分层的物料会接连受到下一个气塞的上冲,这样使高速动态拍摄时显示的分层速度比不加振动时要慢,气塞的这种接连的脉动作用,使颗粒按密度分层过程不断强化,使分离效果比无振动时更好。但是,实验发现,振动频率的增加,也使气塞的这种产生分层和上升运动的频率也随之增多、加快,这样会对物料分层造成破坏,如图 6-13 中 60 Hz 时,同时有 3 个气塞形成,更高频率时会更多,这样会使物料颗粒来不及在沉降过程中按密度分离就进入下一个气塞脉动。因此,振动频率过高不利于物料按密度分层,当振动频率为 55 Hz 时,物料的分层现象、床层稳定性最好。

根据颗粒运动动力学模型和高速动态摄像分析,可以将颗粒分层过程看作振动流化床中两种流态化协同作用的结果,一是稀相区气泡的夹带,二是密相区颗粒的干扰沉降。颗粒在这两种区域内通过干扰沉降,根据各自沉降末速的不同而得到分离,其中密度大和粒度大的颗粒沉降末速较大,下降较快,密度小和粒度小的颗粒沉降末速较小，下降较慢。图 6-14 和图 6-15 所示为两种流态化协同作用下颗粒分离机理。在稀相区，气泡上升过程中，气泡周围的颗粒也会随之上升，小粒径、低密度颗粒上升速度大于大粒径、高密度颗粒。当气泡兼并、破裂时，气泡周围颗粒开始下降，下降过程是在乳化相中进行的，在下降过程中，大粒径、高密度颗粒具有较大的加速度，下降速度比小粒径、低密度颗粒要大。因此，在这两个过程的协同作用下，颗粒按密度和粒度得到了分离。而振动的引入从两方面强化了颗粒按密度分离过程，一是产生脉动气塞，使颗粒不断地受到加速、减速效应；二是沉降之后的颗粒在垂直方向振动力的作用下，做上下周期性运动，进一步强化了颗粒按密度分级过程。

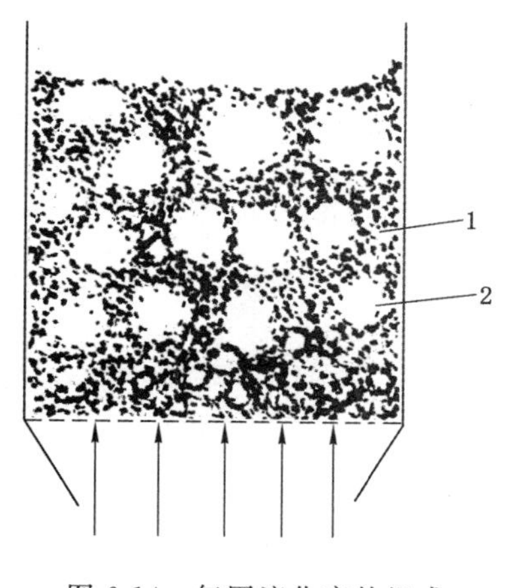

图 6-14　气固流化床的组成

1——乳化相(密相)；2——气泡相(稀相)

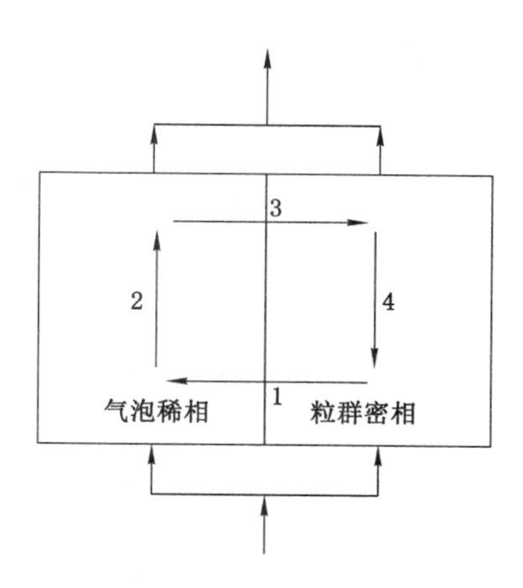

图 6-15　气固流化床颗粒分离模型

1——颗粒黏附；2——气泡上升；3——颗粒脱离、减速；4——沉降、分级

6.3　本章小结

本章主要以示踪颗粒橡胶、玻璃和
氧化铝微珠来代替实际物料即以电厂磨煤机分离器返料进行振动流化床分选试验的探索研究。实验结果表明，颗粒在振动流化床中按密度进行了有效的分层；根据气固流化床流动模型，得到颗粒在振动流化床中的分离模型，阐述了颗粒在稀相振动气固流化床中按密度分离机理，即颗粒黏附于气泡周围，并随着气泡上升，在上升过程中逐渐脱离气泡进入颗粒密相区，在颗粒密相区进行干扰沉降，沉降末速的不同使得颗粒按密度进行了分离，并存在一定的按粒度分级现象。

与不加振动相比，引入振动力场之后，流化床的起始流化速度降低，床层膨胀率也降低，而且气泡发生兼并现象，尺寸增大。高速动态摄像研究表明，节涌和气塞使床层不稳定，但对物料的按密度分级产生了有利影响。随着振动频率的增加，颗粒浓度、颗粒速度、曳力径向分布都趋于均匀，但发现气泡兼并加剧，在整个床层径向截面上形成气塞，隔断流化床层，并在振动的过程中不断产生，做有规律的类似活塞运动的向上脉动，使得颗粒在床层中得到一个加速-减速效应。这强化了密度分离效果，物料可以得到更好分层，但随着振动频率的提高，这种脉动频率也提高，床层来不及在颗粒密相区进行沉降就进入下一个脉动，对分层不利。随着振动频率的进一步提高，气塞的脉动已经没有界限，物料在床层中主要进行混合作用，在床层底部，颗粒受振动力在垂直方向上的分力作用产生周期性的上下运动，进一步强化了颗粒按密度分离过程，验证了颗粒在振动流化床中运动的动力学模型的正确性。

7 磨煤机返料流化及分选特性研究

为了验证颗粒在振动流化床中运动动力学模型、数值模拟结果和稀相振动气固流化床对物料颗粒按密度分级的机理，在以上研究的基础上，本章对实际物料进行分选试验，考察该方法在电厂磨煤制粉过程中脱硫降灰的可行性，并评价分选效果，运用计算流体力学软件(CFD)对分选过程的流化床流场进行数值模拟研究。

7.1 流化特性研究

7.1.1 研究方法

磨煤机分离器返料的性质已在前面介绍，根据第 6 章示踪颗粒实验的方法，分别在不同振动频率条件下对实际物料进行分选试验，并对流化床层的压降、膨胀率等进行测定。从电厂生产经济性考虑，尽可能在分选过程中去除少而纯的高密度组分。因此，分层取样时，按照厚度比为 1∶3∶3∶1 对床层进行划分、取样，并对各层物料进行工业分析，结合扫描电镜和能谱分析方法对各振动条件下的物料分选效果进行分析、评价，找出最佳试验参数，为后面的连续分选试验打下基础。

选择静床高为 80 mm，分别在振动频率为 0 Hz、40 Hz、45 Hz、50 Hz、55 Hz、60 Hz 条件下逐渐将风速由大到小进行调节，得到各振动条件下的压降及起始流化速度等参数，并测定床层各点压降及床层高度，根据第 4 章中流化特性计算模型得出不同条件下的床层膨胀率等参数，再使用高速动态摄像技术研究不同时刻下床层的流化特性和运动规律。

7.1.2 实验结果

实际采样物料在无振动和振动流化床中的流化特性曲线和床层膨胀率曲线如图 7-1 所示，图中红线所标为不同条件下的物料床层的起始流化速度 U_{mf}。

从图中可以看到，无振动时，实际物料的起始流化速度为 4.9 cm/s，引入振动之后，床层压降明显降低，没有明确的起始流化点，但可以看出起始流化速度明显降低，在 4.0～4.5 cm/s 之间波动。对于床层的膨胀率，引入振动前后也有

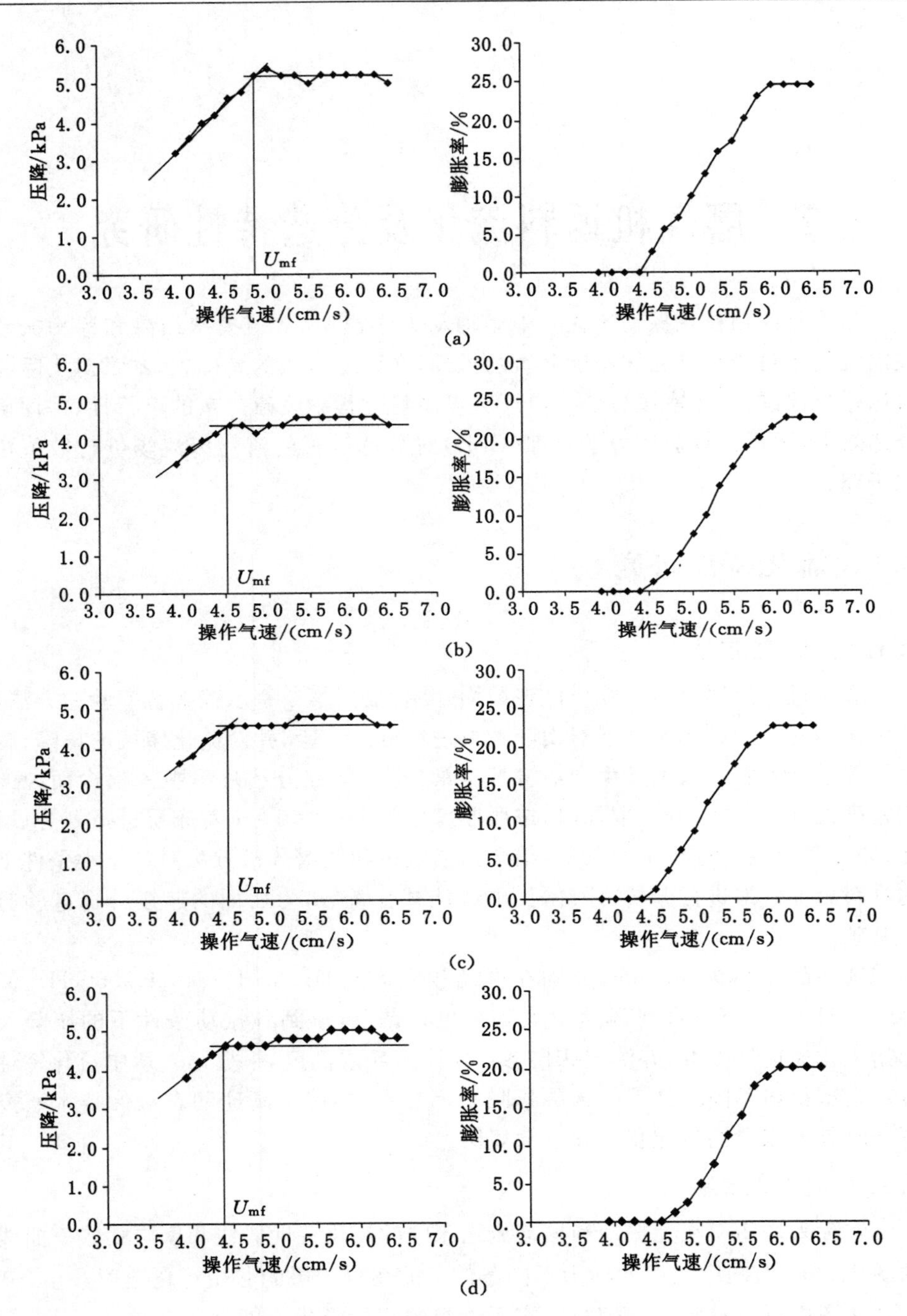

图 7-1 不同振动频率流化特性曲线和床层膨胀曲线

(a) 0 Hz;(b) 40 Hz;(c) 45 Hz;(d) 50 Hz

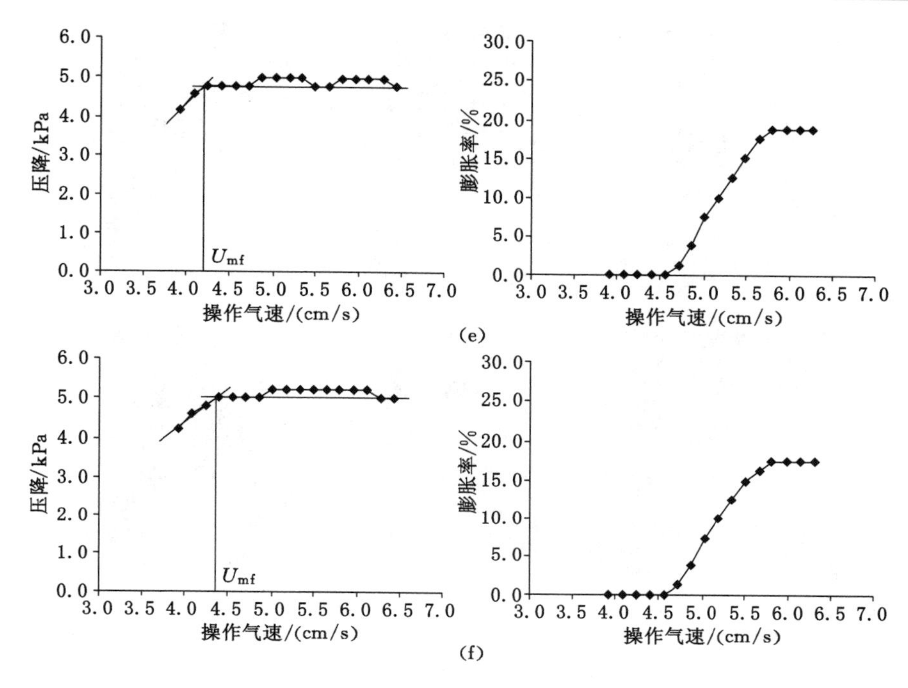

续图 7-1 不同振动频率流化特性曲线和床层膨胀曲线

(e) 55 Hz;(f) 60 Hz

明显差异,无振动情况下床层膨胀较快,且最终床层膨胀率也较大,为 24.3%。振动流化床的床层膨胀率随气流速度的增加而缓慢增加,而且随着振动频率的增大,床层最大膨胀率逐渐减小,当振动频率为 60 Hz 时,膨胀率最小,为 17.5%。综上所述,由于实际物料比模拟物料的整体密度有所降低,但物料粒级较宽,特别是微细颗粒,即 0.125 mm 以下煤粉所占比例增加。引入振动力场,特别是高频率振动时,物料床层更密实,颗粒之间相互运动加剧,小颗粒填补大颗粒之间间隙,使膨胀率逐渐降低。颗粒之间间隙的减小,物料流动性提高,流化床起始流化速度较之前减小,床层压降降低。

前面章节已经进行了示踪颗粒的振动流化床高速动态摄像分析。分析表明,与传统重介质浓相稳定流化床相比,无外加重介质稀相流化床的稳定性远不如前者。这种不稳定性主要是由气泡的运动造成的,前面已经分析,气泡的形态及运动状态对于颗粒的按密度分级有重要影响。为了考察气泡在实际物料,即磨煤机返料振动流化床分选过程中的变化及影响,对实际物料分级过程进行高速动态摄像分析,如图 7-2 所示。

从图中可以看到,在无振动情况下,流化床层中的气泡分布不均匀,使得局部区域稀相区体积增加,气泡轴向长度大于径向长度,多呈子弹状快速上升,此

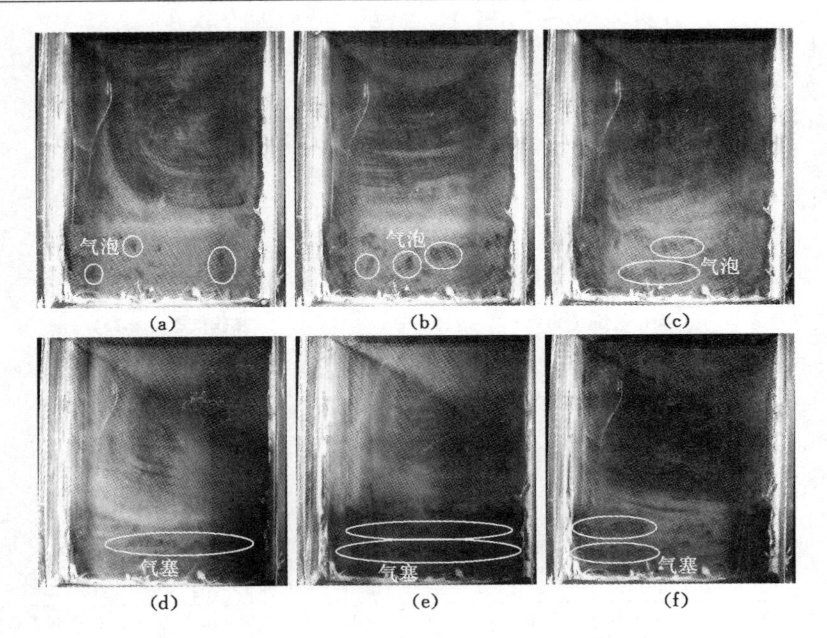

图 7-2　不同振动频率下流化床气泡行为特征

(a) 0 Hz;(b) 40 Hz;(c) 45 Hz;(d) 50 Hz;(e) 55 Hz;(f) 60 Hz

时,床层活性不高,密相区域大于稀相区域。随着振动的引入并增加振动频率,床层活性逐渐增大。从振动频率为 40 Hz 时的图片可见,流化床中气泡沿床层径向分布变得均匀,气泡出现兼并使得单个气泡体积增大,气泡上升速度也减慢。可以看到,振动频率在 45 Hz 时,气泡的径向尺寸已经大于轴向尺寸,在 50 Hz 之后的振动条件下,床层中出现了沿流化床层径向分布的气塞,并有规律的向上做活塞式运动;在 55 Hz 时,沿床层截面出现了完整的脉动气塞,但在 60 Hz 时,整个床层没有出现完整的沿床层横截面分布的气塞,只有局部区域存在体积较大的轴向长度大于径向长度的气泡。总体而言,引入振动之后,流化床层活性显著提高,由于振动力场的引入,气泡能量在径向截面得到分散,兼并加剧,床层顶部没有出现局部大气泡破裂时颗粒喷涌的现象,气泡尾迹相变得更稳定,流化床稀相区域明显增大,且稀、密两相界限分明,这为物料的充分混合和分级创造了有利条件。

7.2　分选特性研究

7.2.1　研究方法

根据流化特性试验结果,选择气流速度为各条件下起始流化速度的三倍作为分层实验的操作气速，即在流化数为 3 时，在不同振动频率条件下让物料进行分选，分选时间为 30 s，关闭风阀和振动，用微型吸尘器逐层取出物料，对各层产物进行筛分、浮沉分析。

7.2.2　粒度分析

表 7-1 和图 7-3 分别为各组实验的粒度分布曲线和粒度分布均匀性系数。

表 7-1　　**粒度分布均匀性系数**

平均粒度/mm	粒度分布均匀性系数					
	0 Hz	40 Hz	45 Hz	50 Hz	55 Hz	60 Hz
0.750	30.34	29.83	29.93	30.28	30.21	30.21
0.375	23.35	24.41	24.51	22.07	23.12	23.44
0.188	25.36	23.59	23.60	25.29	25.08	24.69
0.094	23.85	24.00	24.11	23.30	23.71	23.76
0.054	26.86	26.49	26.45	26.36	26.50	26.36
0.023	31.37	31.34	31.29	31.04	31.48	31.51

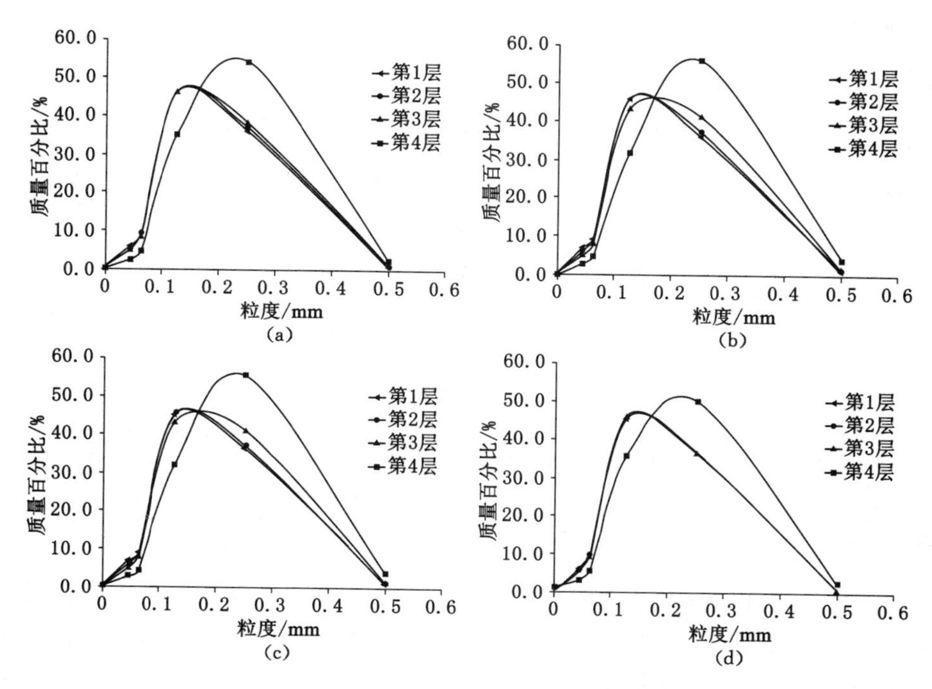

图 7-3　不同振动频率各层产物粒度分布

(a) 0 Hz；(b) 40 Hz；(c) 45 Hz；(d) 50 Hz

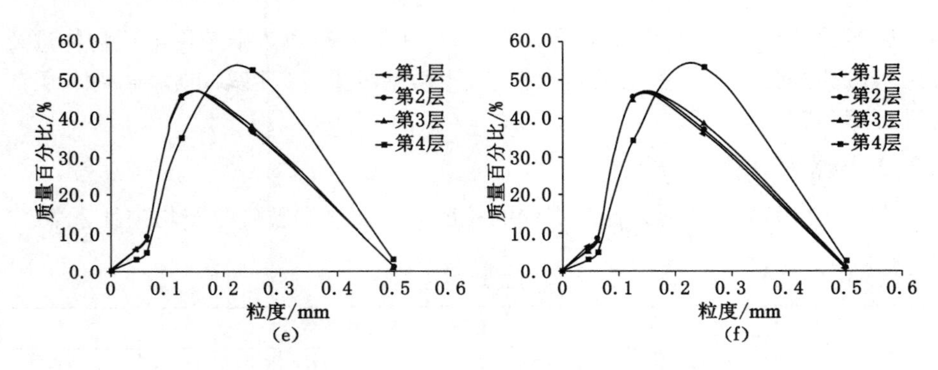

续图 7-3 不同振动频率各层产物粒度分布

(e) 55 Hz;(f) 60 Hz

从图 7-3 可以看到,不同振动频率条件下,对应各层的产物粒度分布基本相同,前三层产物粒度分布基本相同,而第四层产物中粗颗粒有明显增加的现象,物料存在按粒度分级现象,其中,在 40 Hz 和 45 Hz 时第三层产物粗颗粒数量也有一个增加的现象。根据表 7-1 数据可以看出细颗粒在各层产物中分布较均匀,其中在 50 Hz 时流化床层的粒度分布波动小,更均匀,这与该振动频率下的粒度分布图相一致。

7.2.3 密度分析

表 7-2 和图 7-4 分别为各组实验的密度分布曲线和密度分布均匀性系数。

表 7-2 密度分布均匀性系数

平均密度/(g/cm³)	密度分布均匀性系数					
	0 Hz	40 Hz	45 Hz	50 Hz	55 Hz	60 Hz
1.25	16.24	16.06	16.38	17.71	17.01	15.49
1.35	16.83	18.26	18.63	17.38	17.67	15.58
1.45	24.53	22.17	21.70	21.48	21.68	23.70
1.55	26.99	26.74	26.76	26.88	25.31	26.16
1.65	26.27	26.70	25.46	25.12	25.56	26.03
2.00	30.37	29.73	28.90	28.69	27.19	25.13

从图 7-4 可以看到,不同振动频率条件下,对应各层产物的密度分布基本相同,前三层产物密度分布基本相同,而第四层产物中高密度颗粒有明显增加的现象,物料存在按密度分级现象。根据表 7-2 所列的数据可以看出,在 55 Hz 时,流化床层的密度分布波动小,更均匀,这与该振动频率下的密度分布图一致。

综上所述,床层底部物料层中高密度组分百分含量明显大于低密度组分百

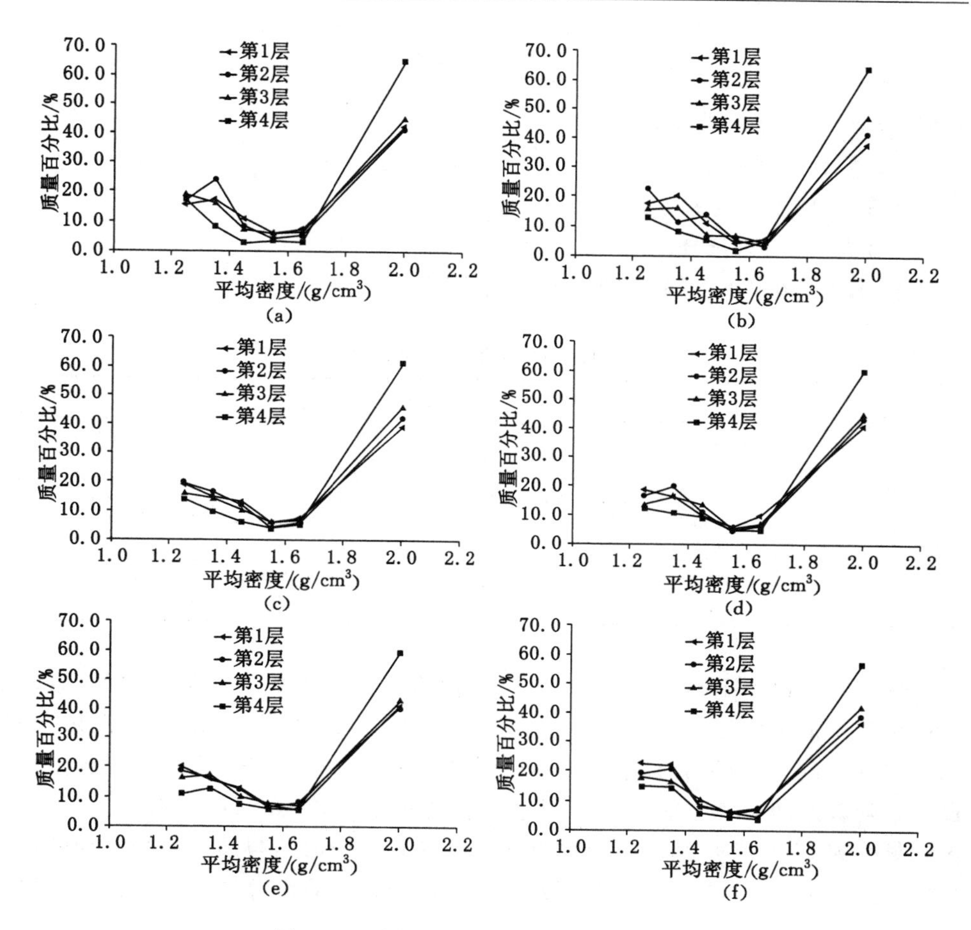

图 7-4　不同振动频率各层产物密度分布

(a) 0 Hz;(b) 40 Hz;(c) 45 Hz;(d) 50 Hz;(e) 55 Hz;(f) 60 Hz

分含量,磨煤机返料在振动流化床中按密度进行了分离。

7.3　分选效果分析

针对磨煤机返料的性质和燃煤电厂实际生产情况,本书主要用分选效率及可燃体回收率来评价分选效果。对不同振动条件下的各层产物进行工业分析并计算各振动频率条件下的上述指标,其中,分选效率用式(6-1)来计算,同样将前三层产物合并作为轻产物,第四层产物作为重产物。可燃体回收率用下式来计算:

$$E = \gamma_j \times \left(\frac{100 - A_{d_j}}{100 - A_{d_y}}\right) \times 100\% \tag{7-1}$$

式中　E——可燃体回收率；

γ_j——轻产物产率；

A_{d_j}——轻产物灰分；

A_{d_y}——原煤灰分。

不同振动频率下各层产物的灰分如表 7-3 所列。

表 7-3　　不同振动频率各层产物灰分

层数	灰分/%					
	0 Hz	40 Hz	45 Hz	50 Hz	55 Hz	60 Hz
第 1 层	44.78	45.62	43.65	44.33	41.07	42.73
第 2 层	46.22	47.13	46.74	45.42	42.43	45.48
第 3 层	48.59	48.45	47.12	48.05	45.61	47.28
第 4 层	72.45	69.94	70.48	74.55	78.46	75.14

从表中可以看到，各组实验前三层产物的灰分都在 40%～50%之间，第四层产物灰分则明显升高，在 70%～80%之间；不加振动时分层效果介于 40 Hz 和 50 Hz 之间，其中振动频率为 40 Hz 时的分层效果较差，轻、重产物灰分差值最小。随着振动频率的增加，重产物灰分值逐渐上升，在 60 Hz 时有所下降，当振动频率为 55 Hz 时，第四层产物灰分值达到了 78.46%，与第一层轻产物的灰分值差达到了 37.39%，分层效果最好，可见煤与矿物质组分在振动流化床中得到了分离。

不同振动频率下，各组实验的分选效率及可燃体回收率分别如表 7-4 和表 7-5 所列。

表 7-4　　不同振动频率分选效率

振动频率/Hz	分选效率/%
0	52.70
40	52.64
45	51.41
50	50.71
55	51.14
60	51.13

表 7-5　　不同振动频率可燃体回收率

振动频率/Hz	可燃体回收率/%
0	87.61
40	83.99
45	89.28
50	88.68
55	94.05
60	90.28

从表 7-4 可知，振动流化床的分选效率不高，基本维持在 50%左右，这与停止供风之后流化床的分割取样厚度有关。因为从电厂生产的经济性考虑，我们尽可能要得到较纯的重产物，因此会有较大一部分细粒高密度物料错配至轻产物中去，但从表 7-5 可以看到，可燃体回收率都在 85%以上，其中在振动频率为 55 Hz 时，可燃体回收率达到最高值 94.05%。因此，在对分离器返料流化床分选过程中，以低分选效率来换取较高的可燃体回收率符合电厂生产的实际情况。

为了考察分选过程的脱硫效果，即黄铁矿的去除情况，使用 X 射线荧光光谱仪(Bruker S8 TIGER)对各组实验各层产物的硫元素含量进行检测，检测结果如表 7-6 所列。从数据可见，第一层产物即轻产物硫分均在 2%以下，第二层和第三层产物硫分变化不大，但重产物中的含硫量显著升高，表明硫元素在重产物中得到了富集。

表 7-6　　不同振动频率各层产物硫分

层数	硫分/%					
	0 Hz	40 Hz	45 Hz	50 Hz	55 Hz	60 Hz
第 1 层	1.62	1.26	1.64	1.18	1.22	1.88
第 2 层	2.26	2.43	2.26	2.62	2.34	2.18
第 3 层	2.33	2.38	2.58	3.04	2.32	2.66
第 4 层	6.26	6.45	5.73	6.78	6.99	5.42

7.4　扫描电镜背散射及能谱分析

从表 7-6 所列的数据可知各层产物的含硫量，但由于煤中硫元素以有机硫和无机硫的形式存在，本书主要研究无机硫，即黄铁矿硫(FeS_2)的去除，仅从 X

射线荧光光谱分析(XRF)的检测结果还无法判断磨煤机返料中的黄铁矿得到了有效去除。因此,为了考察高密度矿物质,特别是黄铁矿等含硫量大、硬度高的组分的去除效果,本章节借助扫描电子显微镜背散射电子成像(BSE)和能谱仪(EDX)元素面分布技术对分选效果进行分析[165-169],并探索该技术在细粒煤流化床干法分选领域应用的可行性。

在背散射成像过程中,固体样品的成像灰度与其中所含元素种类以及微观区域内的表面形貌和物相组成相关。首先将待测样品进行表面抛光处理,避免了样品表面形貌的影响,使其背散射成像灰度仅受不同元素原子序数影响。当某区域的平均原子序数比较高时,则该区域的背散射电子的信号强度就较高,成像时该区域较亮;反之则信号强度较低,成像区域较暗[165]。

背散射系数 η 决定了不同物质在 BSE 图像中的灰度,元素原子量越高,对应的 η 越大,含此元素的物相在 BSE 图像中就越亮。单一物相的背散射系数可以通过下式计算:

$$\eta = \sum C_i \eta_i \tag{7-2}$$

式中 C_i——原子的质量分数;

η_i——原子的背散射系数。

煤中常见组成元素原子序数及背散射系数如表 7-7 所列。

表 7-7　煤中常见组成元素原子序数及背散射系数

元素	原子量	背散射系数
H	1	0
O	8	0.091
Mg	12	0.141
Al	13	0.153
Si	14	0.164
S	16	0.186
Ca	20	0.227
Fe	26	0.280

根据莫塞莱定律,特征 X 射线的波长 λ 与元素的原子序数 Z 有关,其数学关系如下:

$$\lambda = K(Z-S)^{-2} \tag{7-3}$$

式中,K 和 S 为常数。由于不同元素被 X 射线源轰击后会产生自身特有的特征 X 射线,不同元素的特征 X 射线有不同的波长及能量。通过接收和分析这些特征 X 射线的波长及能量大小,能谱仪就可以对所含元素进行定性及定量分析。

通过扫描电子显微镜(SEM)和能谱仪(EDX)的联合使用就可以对煤炭颗粒元素种类与含量进行分析,得到颗粒背散射电子像和元素面分布成像谱图,再根据颗粒表面灰度差异和所含元素的不同,从而区分煤与其他矿物质颗粒。

将各层产物通过冷镶嵌机-真空渗透仪固定,并经过切割、抛光处理制备成观察测试样品,如图 7-5 所示。运用 FEI Quanta 250 环境扫描电子显微镜(SEM)背散射探测器(BSED)和布鲁克 QUANTAX 400-10 能谱仪(EDX)对样品不同区域进行背散射电子成像和元素面分布分析。其中,加速电压为 20～30 kV,工作距离为 13～18 mm,样品室气压为 60～70 Pa。不同频率条件下各组实验轻产物和重产物的背散射电子像和能谱元素面分布谱图分别如图 7-6～图 7-17 所示。

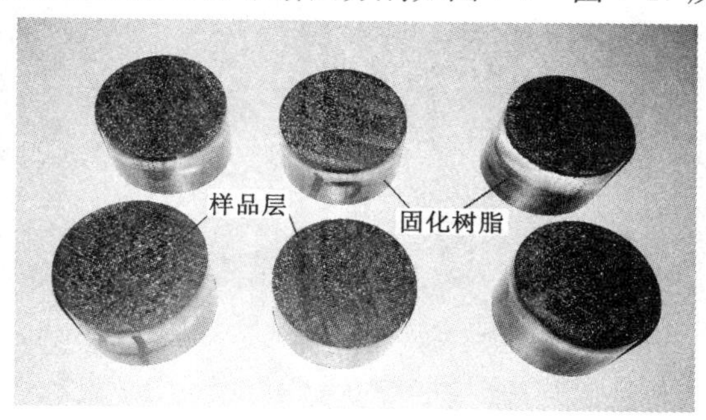

图 7-5　树脂固化样品

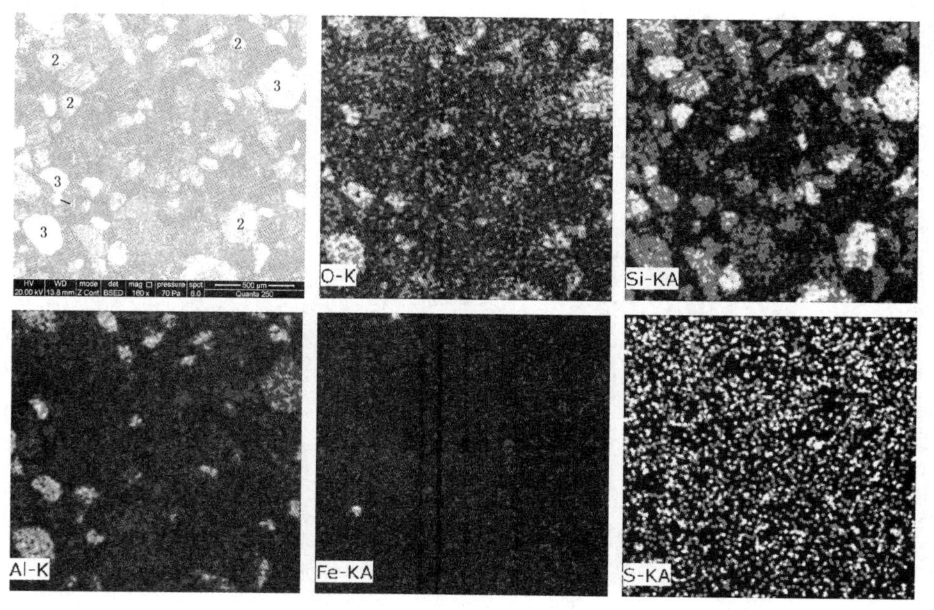

图 7-6　0 Hz 轻产物背散射照片和元素面分布谱图(80 倍)

1——煤;2——石英;3——铝硅酸盐

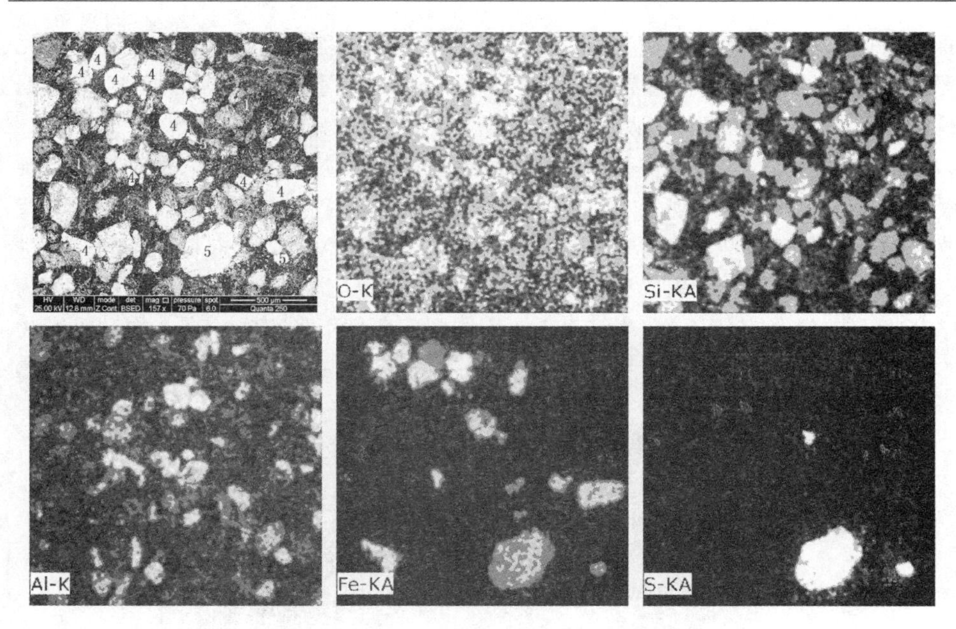

图 7-7　0 Hz 重产物背散射照片和元素面分布谱图(80 倍)

1——煤；2——石英；3——铝硅酸盐；4——氧化铁；5——黄铁矿

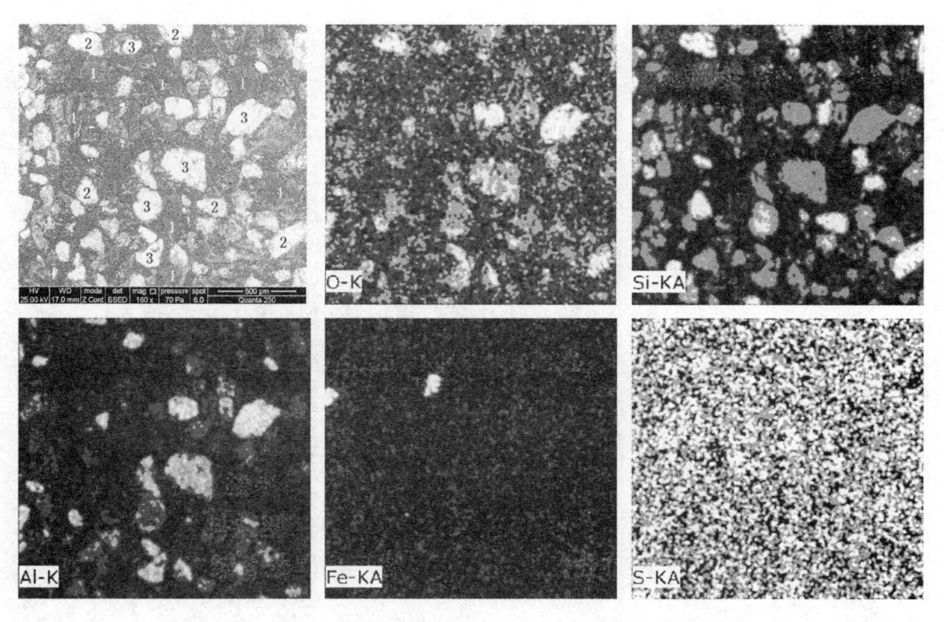

图 7-8　40 Hz 轻产物背散射照片和元素面分布谱图(80 倍)

1——煤；2——石英；3——铝硅酸盐

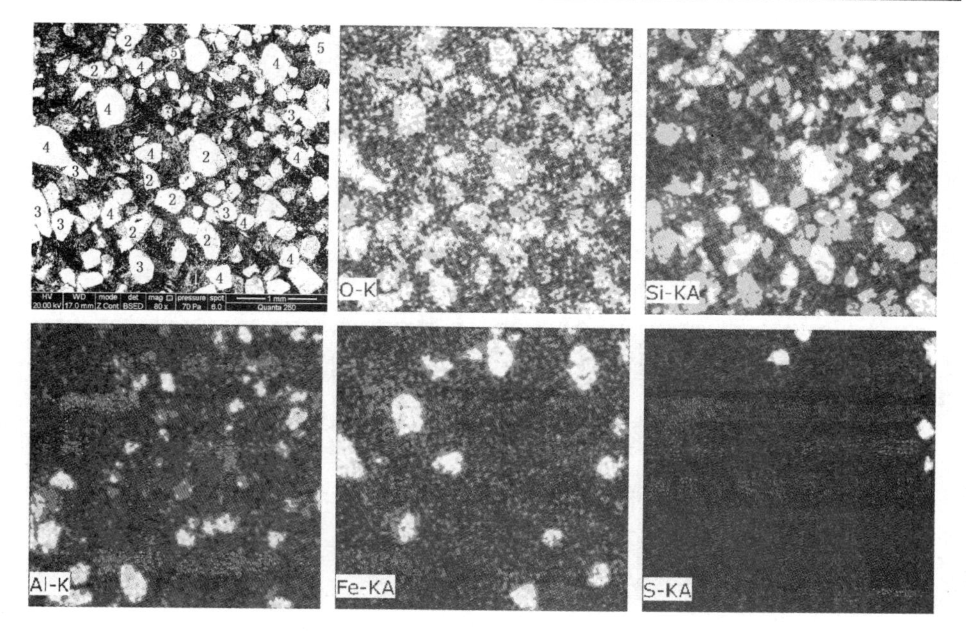

图 7-9　40 Hz 重产物背散射照片和元素面分布谱图(80 倍)

1——煤;2——石英;3——铝硅酸盐;4——氧化铁;5——黄铁矿

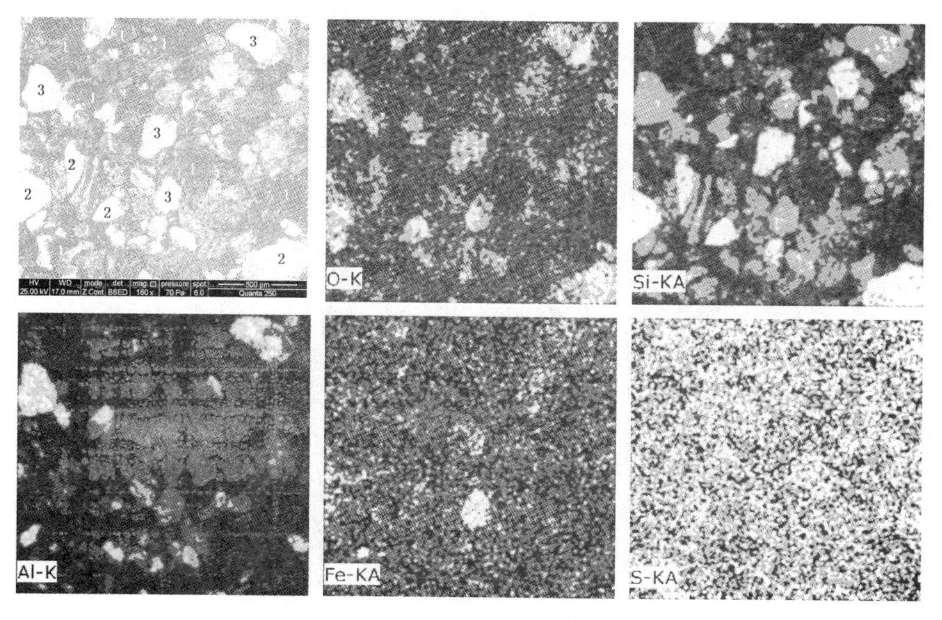

图 7-10　45 Hz 轻产物背散射照片和元素面分布谱图(80 倍)

1——煤;2——石英;3——铝硅酸盐

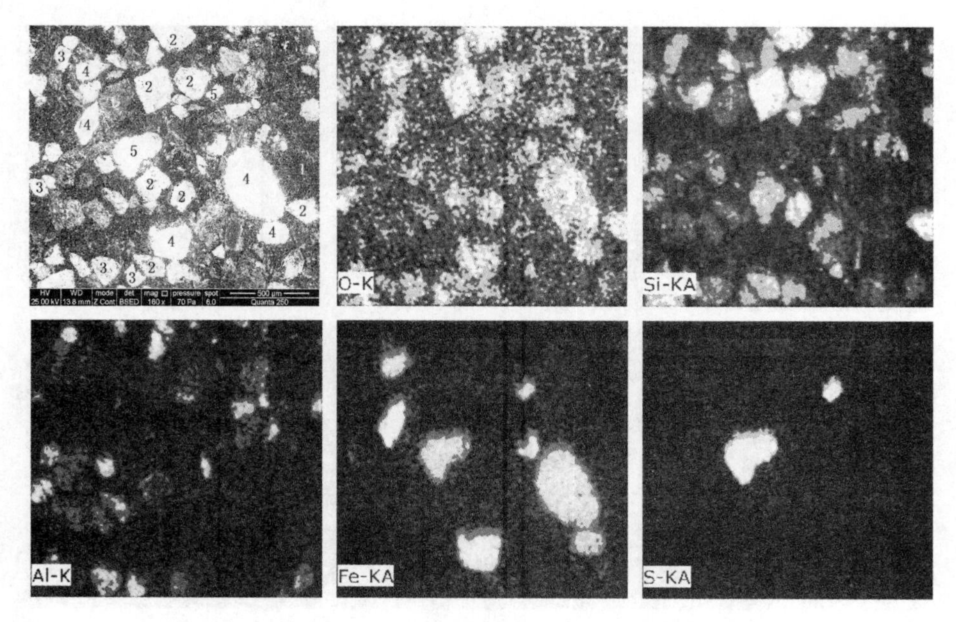

图 7-11　45 Hz 重产物背散射照片和元素面分布谱图(80 倍)

1——煤;2——石英;3——铝硅酸盐;4——氧化铁;5——黄铁矿

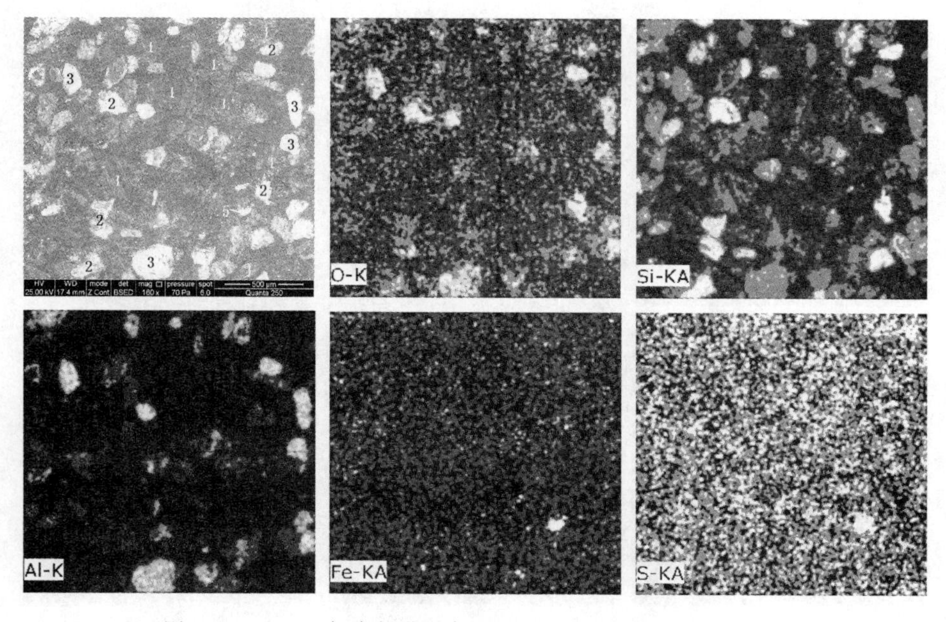

图 7-12　50 Hz 轻产物背散射照片和元素面分布谱图(80 倍)

1——煤;2——石英;3——铝硅酸盐

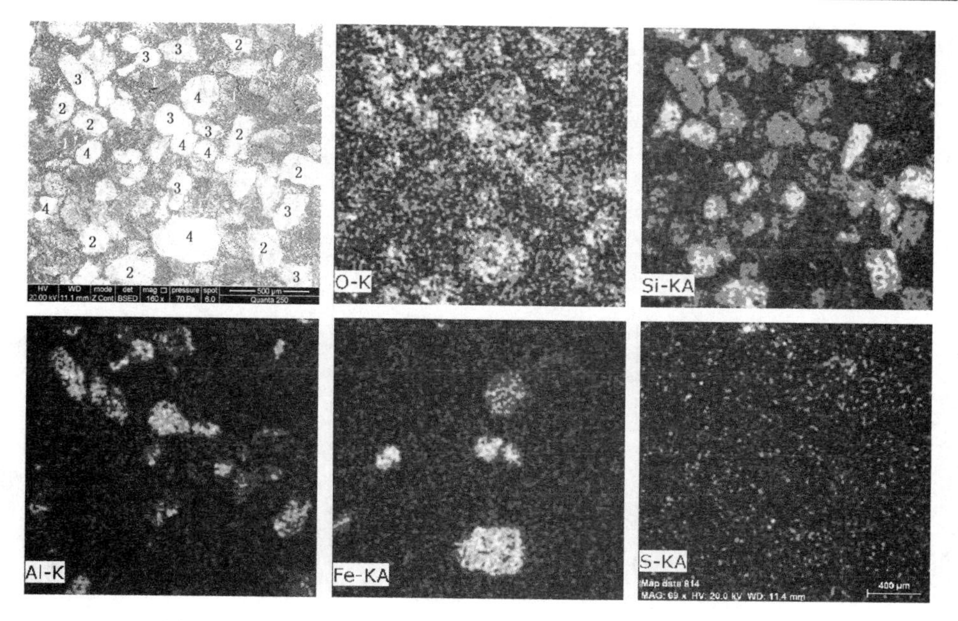

图 7-13　50 Hz 重产物背散射照片和元素面分布谱图(80 倍)

1——煤;2——石英;3——铝硅酸盐;4——氧化铁;5——黄铁矿

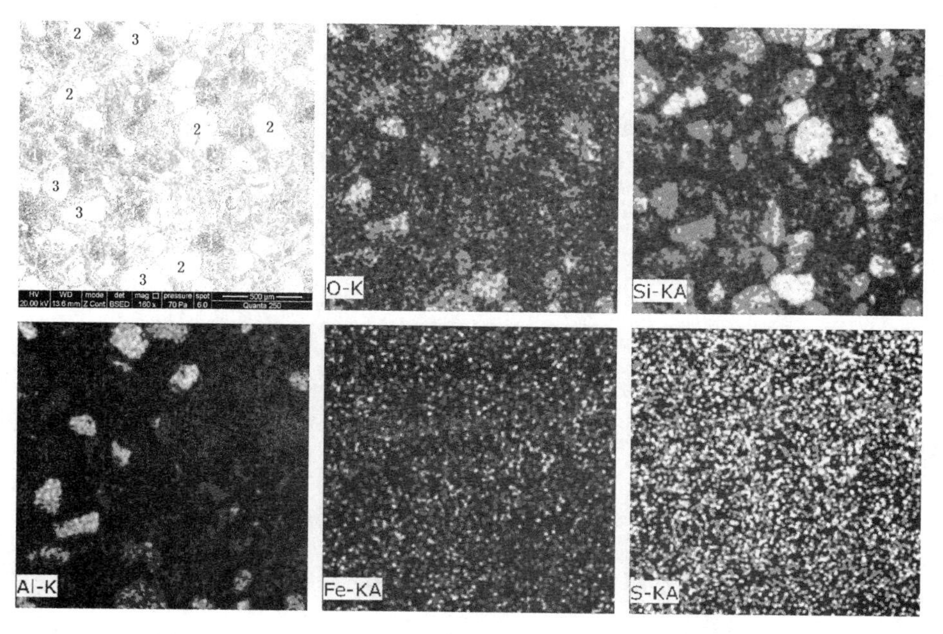

图 7-14　55 Hz 轻产物背散射照片和元素面分布谱图(80 倍)

1——煤;2——石英;3——铝硅酸盐

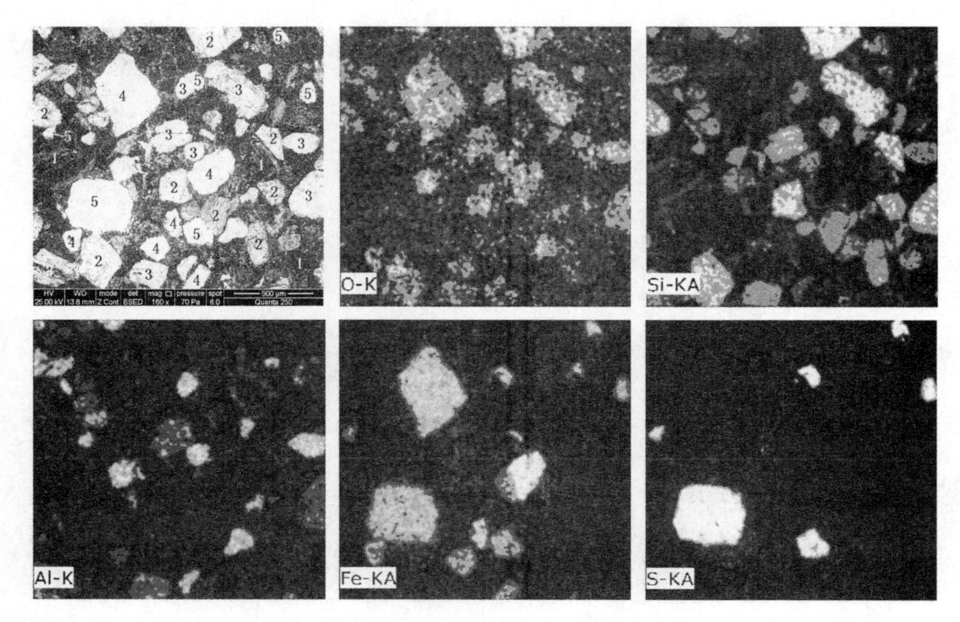

图 7-15　55 Hz 重产物背散射照片和元素面分布谱图(80 倍)

1——煤;2——石英;3——铝硅酸盐;4——氧化铁;5——黄铁矿

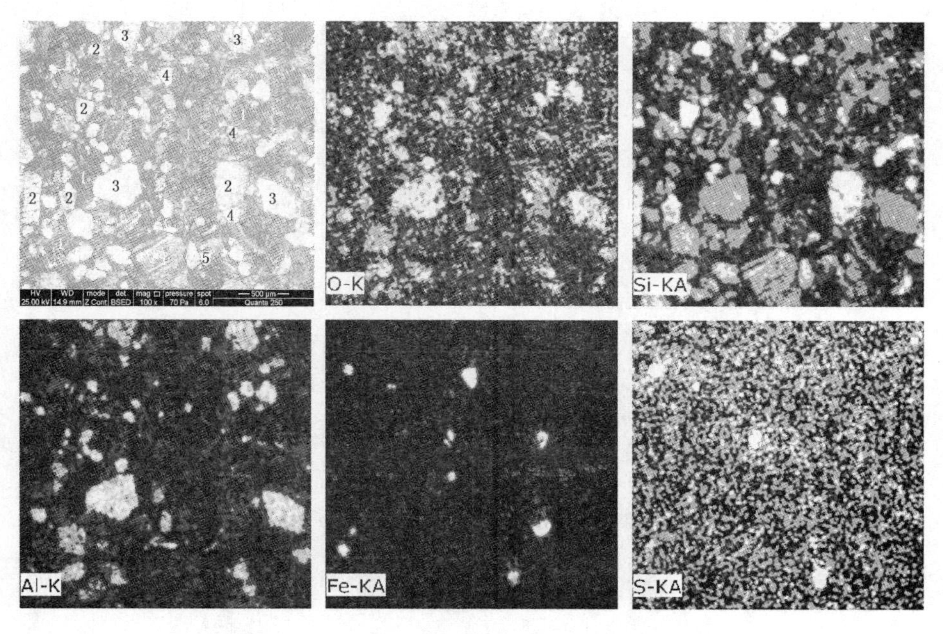

图 7-16　60 Hz 轻产物背散射照片和元素面分布谱图(80 倍)

1——煤;2——石英;3——铝硅酸盐;4——氧化铁;5——黄铁矿

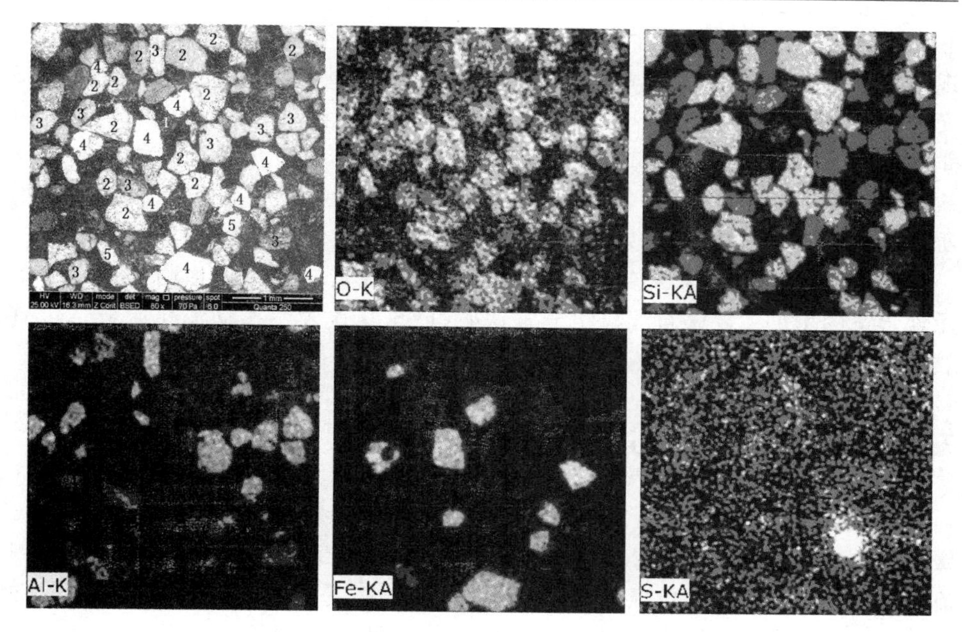

图 7-17　60 Hz 重产物背散射照片和元素面分布谱图(80 倍)
1——煤;2——石英;3——铝硅酸盐;4——氧化铁;5——黄铁矿

根据各元素背散射系数不同,煤与黏土矿物及铁氧化物等高密度矿物质有明显的灰度差异,从以上 BSE 和 EDX 分析结果可更直观地看到,轻产物和重产物中煤和石英、铝硅酸盐、氧化铁、黄铁矿等矿物相灰度依次增大,亮、暗差异明显,很容易进行区分。其中,最暗部分为煤,灰色颗粒为铝硅酸盐等黏土矿物,亮度最高的颗粒为含铁矿物。从背散射照片(图中黑白部分)可以看到,入料中煤与各种矿物质组分混杂,轻产物中煤颗粒显著增加,重产物中无机矿物质则显著增加,可初步判断入料得到了分选。从元素面分布谱图中可以看到,重产物中氧、硅、铝、铁等元素分布明显高于轻产物,轻产物中的铁和硫元素基本上是与煤伴生的,而根据 O、S 和 Fe 的元素面分布谱图可以看出,实际物料中煤与高密度的矿物质组分得到了有效的分离,氧化铁和黄铁矿等矿物质主要集中在重产物中。

对于不同振动频率下 Si、Al 等灰分元素在各产物中的分布基本没有太大变化,主要区别在于轻产物中这些元素多与煤伴生,重产物中则多单独存在。对于黄铁矿、氧化铁等高密度矿物质的脱除,不同频率下各产物存在着较大的差异,在无振动条件下,黄铁矿和氧化铁主要存在于重产物中,轻产物中也存在很少量的细颗粒。当振动频率在 40 Hz 和 45 Hz 时,黄铁矿得到了分离,但轻产物中还混有少量的细粒氧化铁。当振动频率在 50 Hz 和 60 Hz 时,分选效果明显下降,在轻产物中也出现了黄铁矿和氧化铁颗粒，特别是在60 Hz条件下，轻产物中出现了较多的高密度矿物，其中细颗粒居多。而在振动频率为55 Hz时，Fe和S元素在轻、重产物分布差异明显，其中在轻产物中，这两种元素虽然存在，但分布非常均匀，可以判断它们与煤伴生，而在重产物中，出现了大量的黄铁矿和氧化铁颗粒，颗粒粒径有大有小，可见在该振动频率下，黄铁矿等高密度、高硬度矿物质得到了很好的去除，脱硫效果最好。

综上所述，能谱分析结果证明了表7-6 X射线荧光光谱仪检测结果中的硫元素含量的增加主要来自无机组分黄铁矿(FeS_2)，这表明振动流化床分选可有效去除电厂磨煤机分离器返料中的黄铁矿，达到电厂燃前脱硫的目的。

7.5 微细颗粒对分选过程的影响

从表3-1可知，实际采样物料中含有大量微细颗粒，即0.125 mm以下粒级，所占百分含量达到了22.13%。为了研究该粒级微粉煤对稀相振动气固流化床分选过程的影响，现将实验物料分为两组，分别对0.5～0.125 mm和−0.5 mm全粒级磨煤机返料再次进行流化特性和分选特性实验。向流化床内加入试验物料，同样使床层高度达到80 mm，并从底向上将床层依次分为四层，其中靠近布风板的为第四层，最上部为第一层。振动频率选择在55 Hz，打开风机及进气阀门，调节流量计，测量并记录各床层压降。两组物料的流化特性曲线分别如图7-18所示，从图中可以看到，0.5～0.125 mm和−0.5 mm物料的起始流化速度均为4.2 cm/s。根据起始流化速度，将气流速度调节至12.6 cm/s，即流化数为3，此时床层孔隙率增大，床层处于稀相状态，在此状态下保持一定时间使物料分层。最后，将风阀关闭，使床层恢复静止状态，用

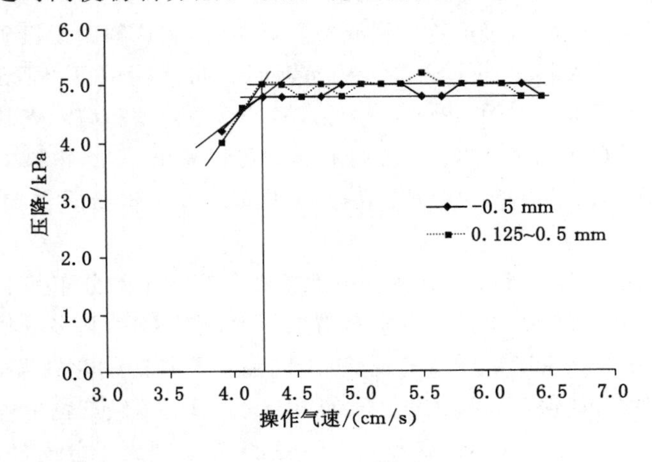

图7-18 流化特性曲线

同样的方法将各层产物取出并分别进行筛分、浮沉及工业分析，两组实验各层产率如表 7-8 所列。

表 7-8　各层产物产率

层数	产率/%	
	0.5～0.125 mm	−0.5 mm
第 1 层	13.82	14.81
第 2 层	28.10	33.39
第 3 层	40.29	38.66
第 4 层	17.79	13.14
合计	100	100

7.5.1　实验结果分析

两组物料各层产物筛分实验结果分别如表 7-9 和表 7-10 所列。从表中可以看到，两组物料各层产物的粒度分布规律相似，各组的前三层物料粒度组成基本相同，没有大的波动。其中，−0.5 mm 物料各层产物的粒度组成更接近入料的粒度组成。

表 7-9　0.5～0.125 mm 物料各层产物筛分试验结果

粒度级/mm	百分含量/%			
	第 1 层	第 2 层	第 3 层	第 4 层
0.25～0.5	13.33	13.00	17.60	44.59
0.125～0.25	86.67	87.00	82.40	55.41
合计	100.00	100.00	100.00	100.00

表 7-10　−0.5 mm 物料各层产物筛分试验结果

粒度级/mm	百分含量/%			
	第 1 层	第 2 层	第 3 层	第 4 层
0.25～0.5	10.69	10.62	12.79	37.68
0.125～0.25	65.15	64.77	64.60	54.93
0.063～0.125	13.26	13.56	12.52	4.15
0.045～0.063	9.90	10.54	9.29	2.99
<0.045	1.00	0.51	0.80	0.25
合计	100.00	100.00	100.00	100.00

对于两组物料的第四层产物，粒度组成有明显的变化，粗颗粒所占比例显著升高。其中，0.5～0.125 mm 物料中主导粒级 0.5～0.25 mm 和 0.25～0.125 mm 在第四层产物所占百分比分别为 44.59%和 55.41%，－0.5 mm 物料第四层产物中 0.5～0.25 mm 和 0.25～0.125 mm 粒级所占百分比则分别为 37.68%和 54.93%，而 0.125～0.063 mm 和 0.063～0.045 mm 所占比例则分别降低为 4.15%和 2.99%。

两组物料各层产物的浮沉试验结果分别如表 7-11 和表 7-12 所列。从表中可以看到，0.5～0.125 mm 物料的第一、二层产物的密度组成基本相同，第三层产物密度组成略有变化，主要表现为大于 1.5 g/cm^3 组分的增加，而－0.5 mm 物料前三层产物的密度组成则基本相同。

表 7-11　　0.5～0.125 mm 物料各层产物浮沉试验结果

密度级/(g/cm^3)	百分含量/%			
	第 1 层	第 2 层	第 3 层	第 4 层
<1.3	24.09	20.28	24.96	6.72
1.3～1.4	22.12	21.43	11.83	5.34
1.4～1.5	10.79	13.65	10.46	6.03
1.5～1.6	7.03	10.46	4.91	8.24
1.6～1.8	8.98	5.76	9.51	5.46
1.8～2.0	4.58	5.18	6.75	8.08
>2.0	22.41	23.24	31.58	60.13
合计	100.00	100.00	100.00	100.00

表 7-12　　－0.5 mm 物料各层产物浮沉试验结果

密度级/(g/cm^3)	百分含量/%			
	第 1 层	第 2 层	第 3 层	第 4 层
<1.3	6.28	6.19	6.43	6.98
1.3～1.4	15.65	15.83	13.52	5.36
1.4～1.5	19.09	18.87	17.47	5.94
1.5～1.6	9.15	8.81	8.11	8.38
1.6～1.8	10.01	9.75	10.48	4.86
1.8～2.0	8.22	8.14	9.22	8.59
>2.0	31.61	32.41	34.77	59.89
合计	100.00	100.00	100.00	100.00

从表中还可以看到，两组物料第四层产物的密度组成均有明显的变化，高密度组分明显增加，0.5～0.125 mm 物料和－0.5 mm 物料的第四层产物中大于 2.0 g/cm^{3}组分所占百分比分别达到了 60.13%和 59.89%。

7.5.2　分选效果

对分选产物进行工业分析，各层产物的灰分及硫分如表 7-13 所列。其中，0.5～0.125 mm 物料的轻产物和重产物的灰分分别为 38.90%和 77.58%，硫分分别为 1.09%和 6.97%；－0.5 mm 物料的灰分分别为 44.64%和 74.55%，硫分分别为 1.62%和 6.99%。用式(6-1)和式(7-1)分别来计算两组分选试验的分选效率和可燃体回收率以评价两组物料的分选效果。0.5～0.125 mm 和－0.5 mm 物料的分选效率分别为 60.94%和 56.10%，可燃体回收率分别为 94.11%和 91.16%。

表 7-13　　各层产物灰分及硫分

层数	0.5～0.125 mm		－0.5 mm	
	灰分(A_d)/%	硫分($S_{t,d}$)/%	灰分(A_d)/%	硫分($S_{t,d}$)/%
第 1 层	38.90	1.09	44.64	1.62
第 2 层	38.68	1.33	45.10	2.16
第 3 层	49.93	3.78	47.47	2.33
第 4 层	77.58	6.97	74.55	6.99

运用背散射成像(BSE)对两组物料及其产物进行观察和分析，SEM 背散射照片如图 7-19 所示。其中，(a)～(c)依次为 0.5～0.125 mm 物料的入料、第一层产物和第四层产物，(d)～(f)依次为－0.5 mm 物料的入料、第一层产物和第四层产物。在照片中，根据衬度差异及所含元素的不同，可从亮、暗程度区分出煤与其他高密度矿物质(图中标注)，从背散射照片中可以看到，两组物料均得到了有效分选。

7.5.3　微粉煤的影响分析

为了评价微粉煤对分选过程的影响，主要从流化床层的粒度和密度稳定性来考察影响程度，并用粒度分布均匀系数和密度分布均匀系数来对两组实验进行比较。

通过式(6-2)来计算流化床各层产物粒度分布均匀性系数，并得到粒度分布均匀性曲线，如图 7-20 所示。从图中可以看到，0.25 mm 以上粒级在 0.5～0.125 mm物料床层中分布得更均匀，0.25 mm 以下粒级则在－0.5 mm 物料床层中分布更均匀，这与表 7-9 和表 7-10 所列的筛分实验结果一致。

通过式(6-3)来计算流化床各层产物密度分布均匀性系数，并得到密度分布均匀性曲线，如图 7-21 所示。从图中可以看到，－0.5 mm 物料中 1.40 g/cm^3

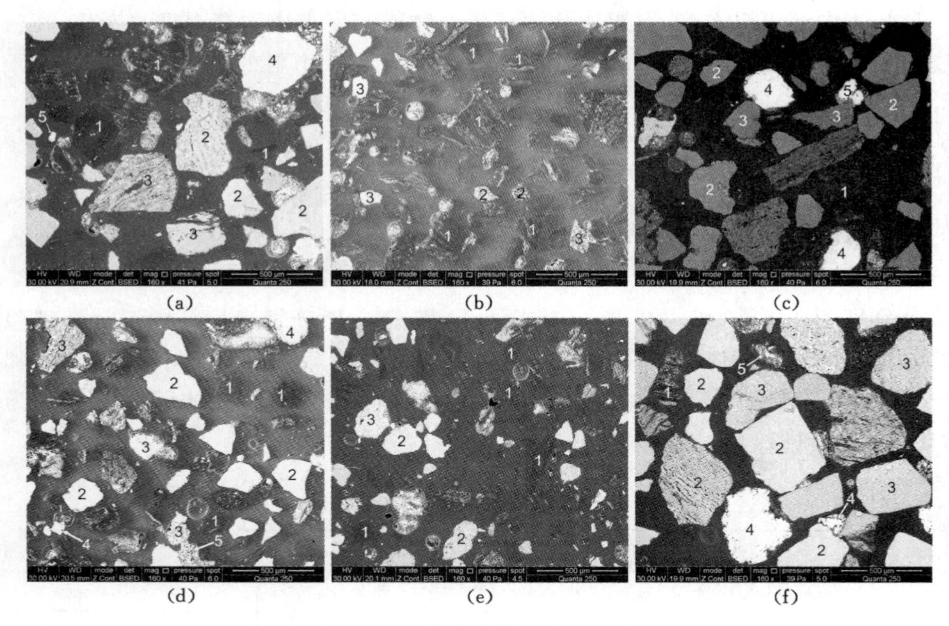

图 7-19　物料背散射照片(160 倍)

(a) 0.5～0.125 mm 入料;(b) 0.5～0.125 mm 粒级第一层产物;(c) 0.5～0.125 mm 粒级第四层产物;(d) －0.5 mm 入料;(e) －0.5 mm 粒级第一层产物;(f) －0.5 mm 粒级第四层产物

1——煤; 2——石英; 3——铝硅酸盐; 4——氧化铁; 5——黄铁矿

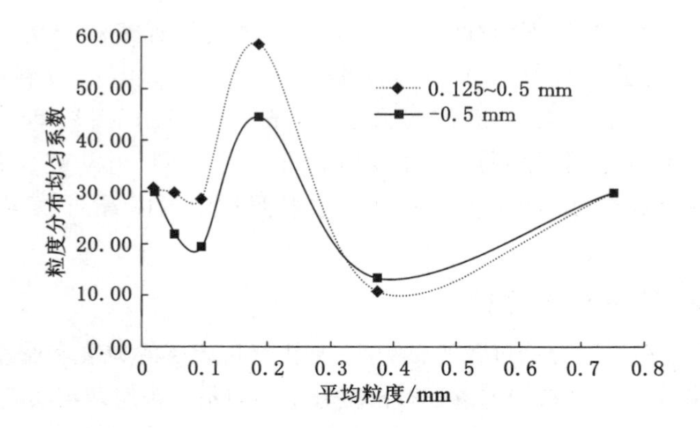

图 7-20　粒度分布均匀性曲线

以下和 2.0 g/cm^3 以上部分的密度分布均匀系数较大,而 1.40～2.0 g/cm^3 部分的密度分布均匀系数较小,即－0.5 mm 物料的 1.40～2.0 g/cm^3 密度级在流化床中分布得更均匀,这与表 7-11 和表 7-12 所列的浮沉实验结果一致。

从以上实验及计算结果可以看出,两组物料在气固流化床中均有按粒度分

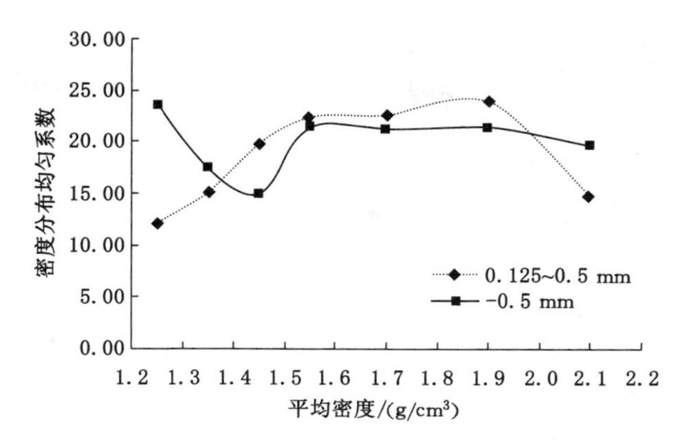

图 7-21　密度分布均匀性曲线

级现象，而且均按密度差异进行了分层，低密度组分和高密度组分分别在流化床上、底部得到了富集，但－0.5 mm 物料形成的分选流化床的床层密度更稳定、连续。可见，微粉煤的存在，对流化床层的稳定性产生了有利的影响。但从轻、重产物灰分差、分选效率以及可燃体回收率来看，0.5～0.125 mm 物料的分选效果更好。由分析可知，主导粒级 0.25～0.125 mm 组分在流化床中起到了类似于加重质的作用，在流化过程中形成了具有一定密度的流化床层，为物料在流化床中按密度分层创造了条件。由于－0.5 mm 物料中微粉煤，即－0.125 mm 粒级的存在，一定程度地充填了流化床内乳化相中较大颗粒之间的间隙，使流化床层孔隙率减小，流化床单位体积内颗粒浓度增加，颗粒在流化床中运动时所受黏滞力增加，颗粒之间相互作用加强，形成了密度和粒度更稳定的分选床层，即密相区。但颗粒在上升和下降过程中都要受到更大的阻力，所受合力减小，使颗粒在密相区域中的自由沉降末速减小，最终表现为在稀相气固流化床中按密度分离的作用被削弱。

7.6　本章小结

本章在前面章节对模拟物料进行流化特性和分选特性研究的基础上，对磨煤机分离器返料实际采样物料进行分选实验，分析实际物料在振动流化床中的混合和分级情况，考察流化特性和分选特性，并运用高速动态摄像技术研究气泡和颗粒在振动流化床中的动力学行为。运用扫描电子显微镜背散射图像分析，并结合能谱仪元素面分布技术，对分选过程和分选结果进行分析，探索该技术在细粒煤气固流化床干法分选技术中应用的可行性。高速动态分析表明，引入振动力场后，在流化床中气泡兼并加剧，床层起始流化速度和膨胀率均下降，颗粒存在一定的按粒度分级现象，物料在流化床中按密度进行了分层，高密度组分在床层底部得到了富集，特别是黄铁矿等对磨煤和燃烧过程有害的矿物质得到了分离，物料在气泡稀相和颗粒密相的协同作用下按密度进行了分离。综合评价得到，当振动频率为 55 Hz 时，物料的可燃体回收率最高，为 94.05%，分选效率为 51.14%。

对 0.125 mm 以下微细粒级物料对磨煤机返料分选过程影响进行研究后发现，虽然无－0.125 mm 粒级存在时的轻、重产物灰分值相差较大，分选效果更好，但－0.125 mm 粒级的存在，对床层的稳定性产生了有利影响，使得各床层的粒度、密度的均匀稳定性更好，特别是对颗粒在密相区的沉降过程有积极作用。因为－0.125 mm 粒级微粉煤的存在，使流化床单位体积内颗粒浓度增加，颗粒在流化床中的黏滞力增加，相互作用加强。同时，使得颗粒在流化床中的自由沉降末速减小，最终表现为在稀相气固流化床中按密度分离的作用被削弱。因此，－0.5 mm 全粒级磨煤机返料的流化床层更连续、稳定，而 0.5～0.125 mm 物料分选效果更好。

8　磨煤机返料连续分选实验

前面章节对模拟物料和实际物料进行了流化特性和分选特性研究，对颗粒在振动流化床中的按密度分级机理进行了分析，得到了颗粒在气泡稀相和粒群密相协同作用下的分级模型。本章将利用自行设计的振动流化床对电厂磨煤机分离器返料进行连续性分选实验，评价分选效果，并通过实验设计软件 Design-Expert 8.0 分析实验结果，找出最佳分选条件及各分选条件的关系，为优化分选机的设计和分选工艺提供依据。

8.1　分选实验

8.1.1　连续分选装置

连续分选实验所使用的装置如图 8-1 所示，工作原理示意图如图 8-2 所示。该系统工作时，物料通过给料装置进入流化床，给风则通过风阀和转子流量计的调节从底部进入流化床，从而使物料床层流化、分层。在振动电机提供的外力场

图 8-1　振动流化床分选装置

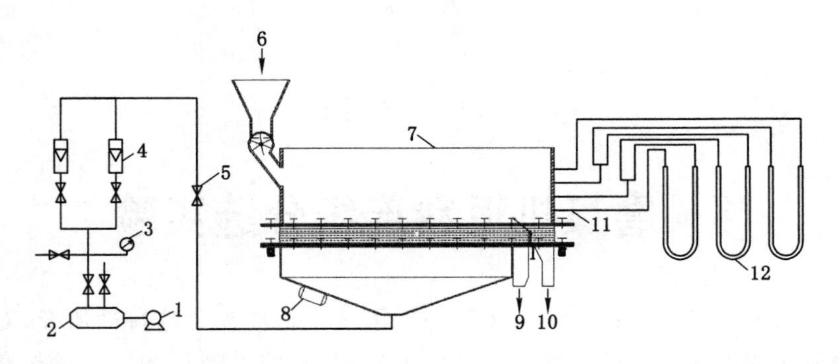

图 8-2　振动流化床分选系统示意图

1——鼓风机；2——过滤包；3——压力表；4——转子流量计；5——风阀；
6——入料；7——流化床模型机；8——振动电机；9，10——排料；
11——橡胶软管；12——U 形压差计

强化作用下，物料的流化和分层过程发生变化，并在横向激振力的作用下向排料端运动，经分隔板分层后排出流化床，从而得到两种不同产物。

振动流化床的流化室用有机玻璃板制作，以便于对分选实验过程进行观察以及对颗粒运动动力学行为进行研究，风室则用不锈钢板加工制作。风室和流化室通过弹簧和橡胶连接，振动时，主要是布风板以下部位振动。其中，流化室长 60 cm，宽 25 cm，高 20 cm；风室长 60 cm，宽 25 cm，高 18 cm。为了使物料在流化床中流化更均匀，风室进风管的布局采用多点送风的方式。布风板是流化床的关键部件，它的工作质量直接影响流化床的布风均匀性及物料床层的流化质量。该系统布风板采用在两层筛网中间夹着双层滤布的方式，如图 8-3 所示，其中，筛网孔径为 2 mm，开孔率为 25%。

为了保证实验过程中均匀给料，采用星型给料方式。与星型给料机配套的电动机功率 0.75 kW，转速为 1 400 r/min，减速电机减速比为 20∶1。实验过程中，通过变频器调节星型给料电机来控制给料速度和给料量，变频器采用 ABB，频率在 0～50 Hz 范围内可调，给料装置如图 8-4 所示。排料采用隔板分流、自由下落方式通过溜槽排出，根据流化床层的高度及对产品质量的要求，排料分隔板可上下调节，高度可调范围在 5～50 mm 之间，如图 8-5 所示。

本试验系统采用上海长征鼓风机厂 L20×20WD-1 型罗茨鼓风机作为风源，其最大功率 3 kW，流量 3.1 m^3/min，压头 19 600 Pa，主轴转速为 980 r/min。本试验系统使用风阀和玻璃转子流量计调节控制通过管道的气流流量。为了研究外加力场，即振动对流化床分选过程的影响，将振动电机倾斜安装在流化床底部，使流化床在水平和垂直方向上均受力，如图 8-1 和 8-2 所示。

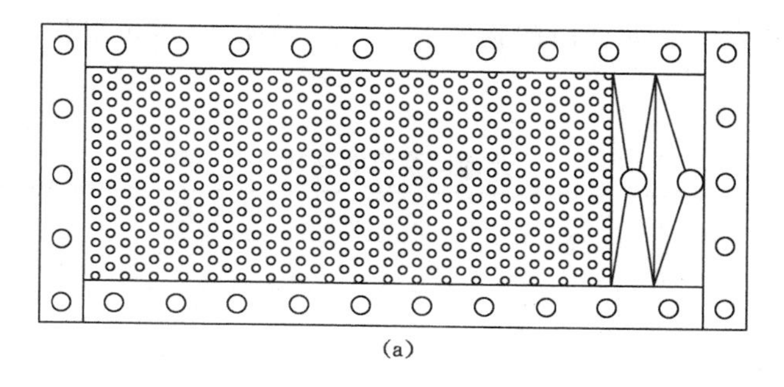

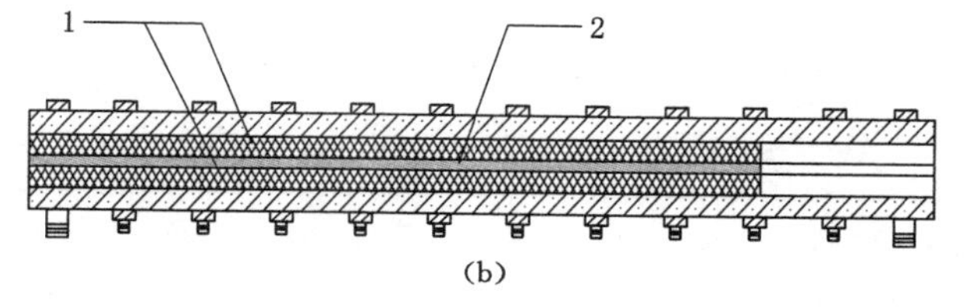

图 8-3　流化床布风板示意图

(a) 俯视图；(b) 侧视图

1——筛网；2——滤布

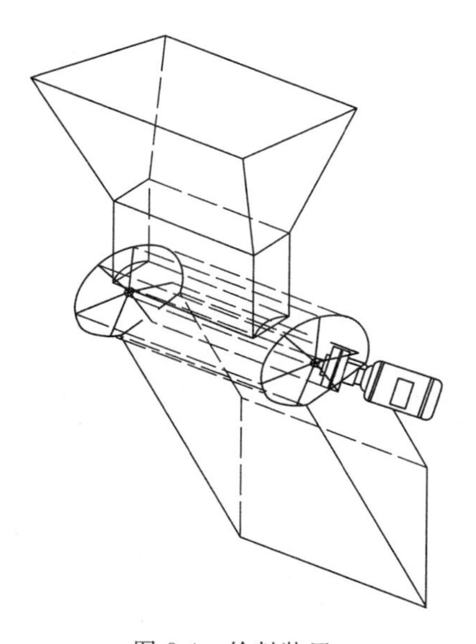

图 8-4　给料装置

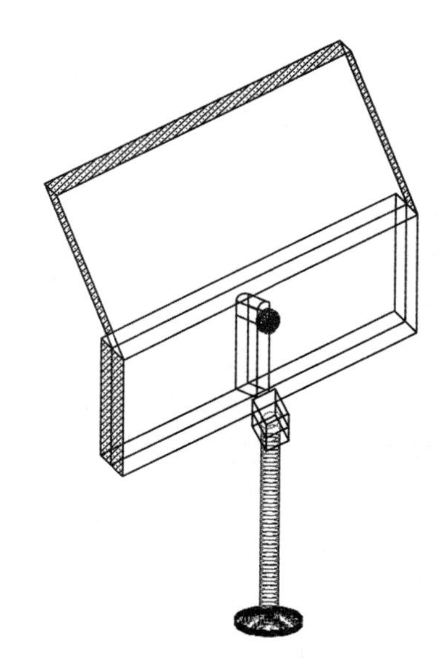

图 8-5　排料分隔板

8.1.2　实验设计及结果

使用 Design-Expert 8.0 实验设计软件，对连续分选试验进行设计，主要考察振动频率、气流速度和给料速度的影响。试验影响因素及水平见表 8-1。根据前期探索，连续分选实验时的物料静床高控制在 30 mm 左右，正交实验设计及实验结果见表 8-2。

表 8-1　　分选试验设计参数

影响因素	因素代码	水平		
		−1	0	1
气流速度/(cm/s)	*A*	8.8	11.0	13.2
振动频率/Hz	*B*	50	55	60
给料速度/(kg/min)	*C*	1.5	2.25	3

表 8-2　　三因素三水平分选实验设计表及结果

标准顺序	实验顺序	Factor 1 A：气流速度/(cm/s)	Factor 2 B：振动频率/Hz	Factor 3 C：给料速度/(kg/min)	Response 1 轻产物灰分/%	Response 2 重产物灰分/%	Response 3 分选效率/%	Response 4 可燃体回收率/%
3	1	8.8	60	2.25	45.62	69.88	52.44	79.62
7	2	8.8	55	3.00	47.86	70.02	56.78	82.34
13	3	11.0	55	2.25	46.02	71.44	51.62	84.58
9	4	11.0	50	1.50	46.06	71.54	56.30	84.37
4	5	13.2	60	2.25	46.34	70.42	56.45	82.86
5	6	8.8	55	1.50	45.55	68.74	54.80	85.66
12	7	11.0	60	3.00	43.27	72.91	57.34	86.15
10	8	11.0	60	1.50	45.33	69.70	51.96	79.32
2	9	13.2	50	2.25	44.22	72.68	53.06	81.25
6	10	13.2	55	1.50	45.37	75.67	58.33	88.64
1	11	8.8	50	2.25	46.87	69.32	51.20	77.08
8	12	13.2	55	3.00	45.68	69.57	52.60	79.08
14	13	11.0	55	2.25	47.85	70.11	52.05	83.45
17	14	11.0	55	2.25	45.28	71.46	54.35	84.52
16	15	11.0	55	2.25	45.33	70.3	51.34	84.20
15	16	11.0	55	2.25	44.18	71.77	56.28	86.95
11	17	11.0	50	3.00	47.98	69.64	51.66	80.30

实验结果显示，当气流速度为 13.2 cm/s，振动频率为 55 Hz，给料速度为 1.50 kg/min 时，分选实验轻产物灰分为 45.37%，重产物灰分为 75.67%，分选效率和可燃体回收率最高，分别为 58.33%和 88.64%。

8.2　实验结果分析

8.2.1　产物灰分分析

根据分选研究目的并从燃煤电厂生产经济性角度出发，分选效果主要用分选效率和可燃体回收率来衡量。图 8-6 和图 8-7 所示分别为在气流速度为 13.2 cm/s、振动频率为 55 Hz 以及给料速度为 1.50 kg/min 时的轻产物灰分和重产物灰分等高线图。

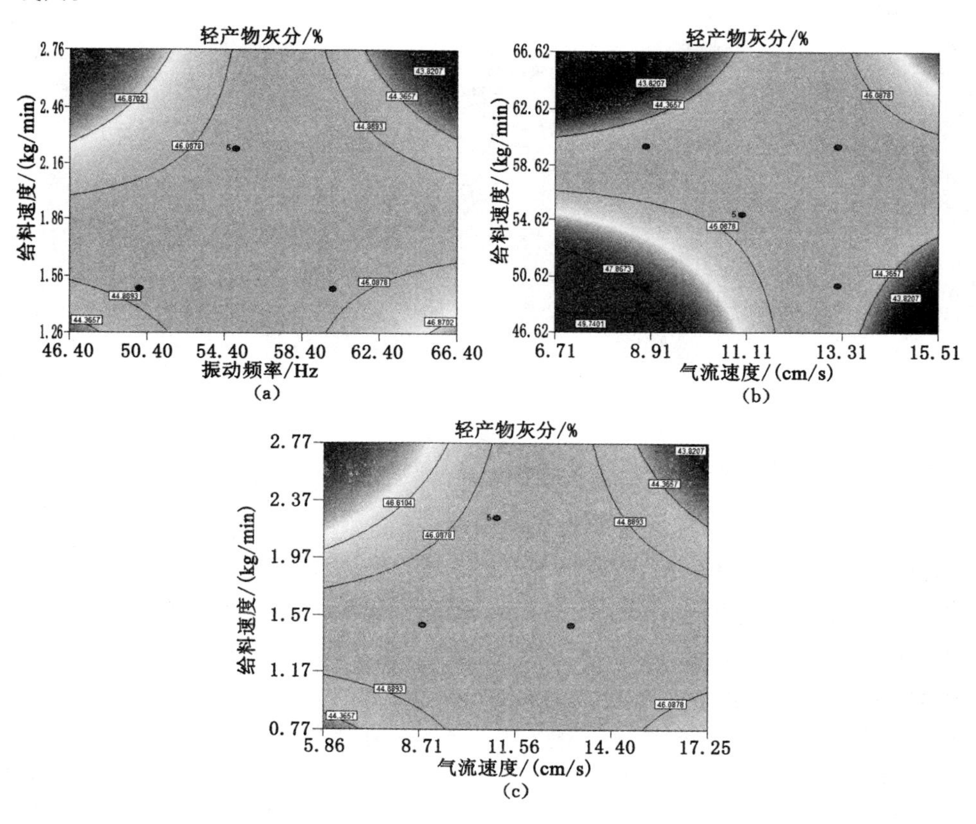

图 8-6　不同因素轻产物灰分等高线

(a) 风速 13.2 cm/s;(b) 给料 1.50 kg/min;(c) 振动频率 55 Hz

从以上两图中可以看到，当操作气流速度为 13.2 cm/s 时，振动频率和给料速度同取高水平或同取低水平时可以获得较低的轻产物灰分值和较高的重产物灰分值，高振频低给料速度或低振频高给料速度时轻产物灰分将略有增大，重产物灰分则略有降低。当给料速度为 1.50 kg/min 时，高振频低操作气速或低振

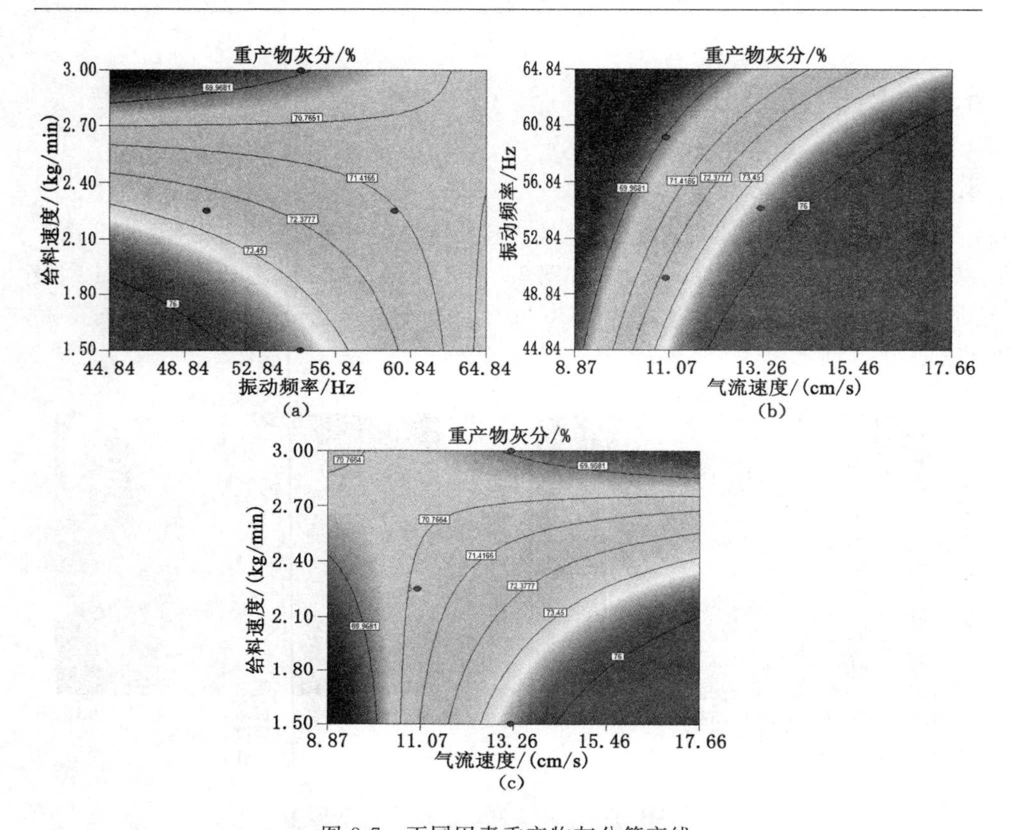

图 8-7 不同因素重产物灰分等高线

(a) 风速 13.2 cm/s;(b) 给料 1.50 kg/min;(c) 振动频率 55 Hz

频高操作气速时轻产物灰分较低,重产物灰分值较高,振动频率和操作气速同取高水平或同取低水平时轻产物灰分值略有升高,相反,重产物灰分值则略降。但是,当振动频率为 55 Hz 时,给料速度和操作气速同取高水平或同取低水平时轻产物灰分值较低,重产物灰分也较低,高操作气速低给料速度或低操作气速高给料速度时轻产物灰分略有升高,重产物灰分也略有升高。

轻、重产物灰分的实验值和预测值见表 8-3 和表 8-4。

表 8-3　轻产物灰分实验值和预测值

序号	实验值/%	预测值/%	残差	影响系数	内部学生化残差	外部学生化残差	库克距离
1	46.87	47.76	−0.892 4	0.559	−1.143 8	−1.163 9	0.236 7
2	44.22	45.00	−0.784 9	0.559	−1.006 0	−1.006 6	0.183 1
3	45.62	44.93	0.685 1	0.559	0.878 2	0.867 2	0.139 5

续表 8-3

序号	实验值/%	预测值/%	残差	影响系数	内部学生化残差	外部学生化残差	库克距离
4	46.34	45.55	0.792 6	0.559	1.016 0	1.017 8	0.186 8
5	45.55	45.54	0.011 4	0.559	0.014 6	0.013 9	0.000 0
6	45.37	45.47	−0.096 1	0.559	−0.123 2	−0.116 9	0.002 7
7	47.86	47.16	0.701 4	0.559	0.899 0	0.889 6	0.146 2
8	45.68	45.09	0.593 9	0.559	0.761 2	0.744 0	0.104 9
9	46.06	45.08	0.981 4	0.559	1.257 9	1.300 7	0.286 3
10	45.33	45.93	−0.596 1	0.559	−0.764 0	−0.747 0	0.105 6
11	47.98	47.69	0.291 4	0.559	0.373 5	0.356 8	0.025 2
12	43.27	44.56	−1.286 1	0.559	−1.648 4	−1.832 5	0.491 7
13	46.02	45.81	0.207 6	0.059	0.182 2	0.173 2	0.000 3
14	47.85	45.81	2.037 6	0.059	1.788 1	2.056 7	0.028 5
15	44.18	45.81	−1.632 4	0.059	−1.432 5	−1.524 3	0.018 3
16	45.33	45.81	−0.482 4	0.059	−0.423 3	−0.405 2	0.001 6
17	45.28	45.81	−0.532 4	0.059	−0.467 2	−0.448 1	0.001 9

表 8-4　　重产物灰分实验值和预测值

序号	实验值/%	预测值/%	残差	影响系数	内部学生化残差	外部学生化残差	库克距离
1	69.32	68.92	0.396 4	0.559	0.610 0	0.589 8	0.067 3
2	72.68	72.93	−0.248 6	0.559	−0.382 6	−0.365 6	0.026 5
3	69.88	70.27	−0.386 1	0.559	−0.594 2	−0.573 9	0.063 9
4	70.42	71.45	−1.031 1	0.559	−1.586 8	−1.740 4	0.455 6
5	68.74	68.19	0.551 4	0.559	0.848 6	0.835 7	0.130 3
6	75.67	74.47	1.196 4	0.559	1.841 2	2.148 4	0.613 4
7	70.02	71.00	−0.981 1	0.559	−1.509 9	−1.630 2	0.412 5
8	69.57	69.91	−0.336 1	0.559	−0.517 2	−0.497 4	0.048 4
9	71.54	72.64	−1.102 4	0.559	−1.696 5	−1.907 1	0.520 8
10	69.70	70.02	−0.319 9	0.559	−0.492 2	−0.472 7	0.043 8
11	69.64	69.21	0.430 1	0.559	0.662 0	0.642 2	0.079 3
12	72.91	71.70	1.212 6	0.559	1.866 2	2.193 1	0.630 2
13	71.44	70.89	0.547 6	0.059	0.577 0	0.556 8	0.003 0

续表 8-4

序号	实验值/%	预测值/%	残差	影响系数	内部学生化残差	外部学生化残差	库克距离
14	70.11	70.89	−0.782 4	0.059	−0.824 3	−0.810 0	0.006 1
15	71.77	70.89	0.877 6	0.059	0.924 7	0.917 4	0.007 6
16	70.30	70.89	−0.592 4	0.059	−0.624 1	−0.604 0	0.003 5
17	71.46	70.89	0.567 6	0.059	0.598 1	0.577 8	0.003 2

从表中数据可知，预测值和实测值接近，符合程度较高。通过计算与分析得到各操作因素之间关系的数学模型。

用实验因素代码表示为：

$$\text{轻产物灰分} = 45.81 - 0.54A - 0.57B + 0.31C + 0.84AB - 0.50AC - 0.99BC$$

$$\text{重产物灰分} = 70.89 + 1.30A - 0.034B - 0.44C - 0.71AB - 1.85AC + 1.28BC$$

用实际因素符号表示为：

$$\mathrm{A}_{d_q} = 59.849\ 85 - 3.774\ 43v_a - 0.359\ 75f + 18.340\ 00v_q + 0.076\ 591v_a \cdot f - 0.303\ 03v_a \cdot v_q - 0.265\ 33f \cdot v_q$$

$$\mathrm{A}_{d_z} = 41.799\ 85 + 6.630\ 68v_a - 0.068\ 250f - 7.021\ 67v_q - 0.064\ 091v_a \cdot f - 1.118\ 18v_a \cdot v_q + 0.340\ 67f \cdot v_q$$

式中　A_{d_q}—— 轻产物灰分；

A_{d_z}—— 重产物灰分；

v_a—— 操作气速；

f—— 振动频率；

v_q—— 给料速度。

8.2.2　分选效率分析

表 8-5 为各种模型的方差分析，表 8-6 为标准偏差分析。选择 2FI 模型对实验结果进行分析(表 8-7)，可得到推荐模型各实验条件组合方差分析(表 8-8 和表 8-9)。

表 8-5　　各模型方差分析表

方差来源	平方和	自由度	均方	F 值	Prob>F	
平均与总和	49 632.50	1	49 632.50			推荐类型
线性与平均	8.99	3	3.00	0.46	0.716 5	

续表 8-5

方差来源	平方和	自由度	均方	F 值	Prob>F	
2FI 与线性	41.12	3	13.71	3.11	0.075 5	推荐类型
二次方与 2FI	16.81	3	5.60	1.44	0.310 5	
三次方与二次方	9.19	3	3.06	0.68	0.609 6	混淆类型
残差	18.06	4	4.52			
合计	49 726.66	17	2 925.10			

表 8-6 R^2 综合分析表

类型	标准偏差	R^2	R^2 校正值	R^2 预测值	预测残差平方和	
线性	2.559 6	0.095 5	−0.113 2	−0.666 4	156.92	
2FI	2.098 9	0.532 2	0.251 5	−0.460 4	137.52	推荐类型
二次方	1.973 0	0.710 6	0.338 6	−0.860 7	175.21	
三次方	2.124 9	0.808 2	0.232 8		+	混淆类型

表 8-7 2FI 模型的方差分析

方差来源	平方和	自由度	均方	F 值	Prob>F
模型	50.11	6	8.35	1.90	0.177 3
A——气流速度	3.41	1	3.41	0.77	0.399 9
B——振动频率	4.46	1	4.46	1.01	0.338 3
C——给料速度	1.13	1	1.13	0.26	0.623 1
AB	1.16	1	1.16	0.26	0.619 7
AC	14.86	1	14.86	3.37	0.096 1
BC	25.10	1	25.10	5.70	0.038 2
残差	44.05	10	4.41		
失拟检验	25.99	6	4.33	0.96	0.542 0
纯误差	18.06	4	4.52		
总离差	94.16	16			

表 8-8 推荐模型综合分析表

标准偏差	均值	偏差系数	预测残差平方和	R^2	R^2 调整值	R^2 预测值	精确度
2.10	54.03	3.88	137.52	0.532 2	0.251 5	−0.46	4.888 3

表 8-9　推荐模型置信度分析表

因素	系数估计	自由度	标准偏差	95%置信区间下限	95%置信区间上限	方差膨胀因子
截距	54.03	1	0.51	52.90	55.17	
A——气流速度	0.65	1	0.74	−1.00	2.31	1
B——振动频率	0.75	1	0.74	−0.91	2.40	1.00
C——给料速度	−0.38	1	0.74	−2.03	1.28	1.00
AB	0.54	1	1.05	−1.80	2.88	1.00
AC	−1.93	1	1.05	−4.27	0.41	1.00
BC	2.51	1	1.05	0.17	4.84	1.00

通过计算与分析，得到分选效率与各操作因素之间关系的数学模型。

用实验因素代码表示为：

$$\text{分选效率} = 54.03 + 0.65A + 0.75B - 0.38C + 0.54AB - 1.93AC + 2.51BC$$

用实际因素符号表示为：

$$\xi = 127.005\,44 + 0.237\,50v_a - 1.891\,25f - 24.391\,67v_q + 0.048\,864v_a f - 1.168\,18v_a v_q + 0.668\,00v_q f$$

式中　ξ—— 分选效率；

v_a—— 操作气速；

f—— 振动频率；

v_q—— 给料速度。

图 8-8 为连续分选实验分选效率残差分布图，表 8-10 为分选效率的实验值和预测值，图 8-9 为预测值和实验值的对比图。从数据和图可知，预测值和实验

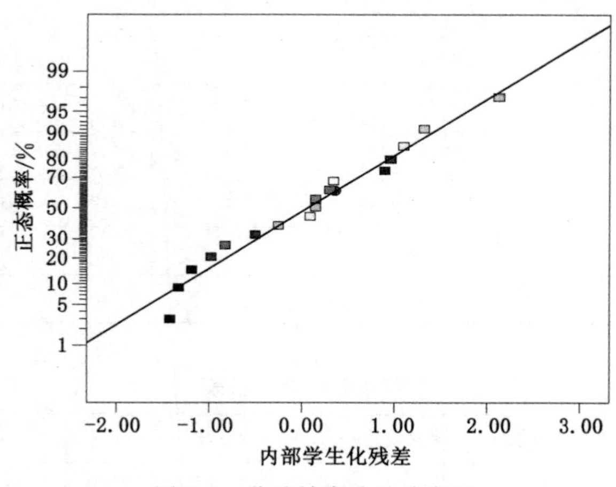

图 8-8　分选效率残差分布图

值有较好的一致性。

表 8-10　　分选效率实验值和预测值

序号	实验值/%	预测值/%	残差	影响系数	内部学生化残差	外部学生化残差	库克距离
1	51.20	53.17	−1.971 7	0.559	−1.414 3	−1.500 1	0.361 9
2	53.06	53.40	−0.341 7	0.559	−0.245 1	−0.233 2	0.010 9
3	52.44	53.59	−1.149 2	0.559	−0.824 3	−0.810 0	0.123 0
4	56.45	55.97	0.480 8	0.559	0.344 9	0.329 1	0.021 5
5	54.80	51.83	2.970 8	0.559	2.131 0	2.736 1	0.821 7
6	58.33	56.99	1.340 8	0.559	0.961 8	0.957 8	0.167 4
7	56.78	54.93	1.848 3	0.559	1.325 8	1.385 4	0.318 1
8	52.60	52.38	0.218 3	0.559	0.156 6	0.148 7	0.004 4
9	56.30	56.17	0.132 1	0.559	0.094 7	0.089 9	0.001 6
10	51.96	52.65	−0.690 4	0.559	−0.495 3	−0.475 7	0.044 4
11	51.66	50.41	1.254 6	0.559	0.899 9	0.890 5	0.146 5
12	57.34	56.91	0.432 1	0.559	0.309 9	0.295 4	0.017 4
13	51.62	54.03	−2.412 9	0.059	−1.185 0	−1.212 5	0.012 5
14	52.05	54.03	−1.982 9	0.059	−0.973 8	−0.971 0	0.008 5
15	56.28	54.03	2.247 1	0.059	1.103 5	1.117 1	0.010 9
16	51.34	54.03	−2.692 9	0.059	−1.322 5	−1.381 2	0.015 6
17	54.35	54.03	0.317 1	0.059	0.155 7	0.147 9	0.000 2

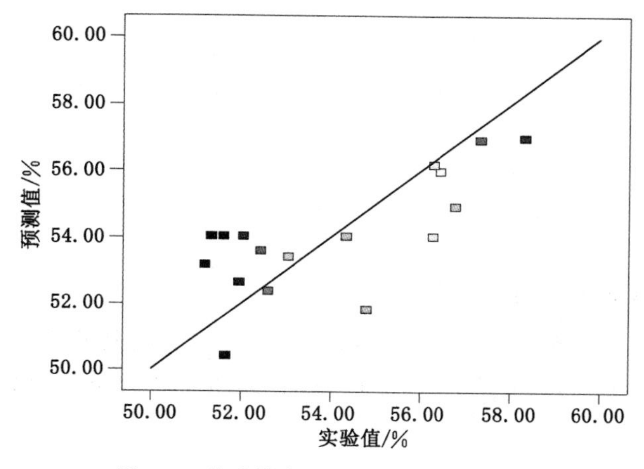

图 8-9　分选效率实验值和预测值对比

图 8-10 为分选效率与各操作参数之间的三维响应曲面图。从图中可知，当操作气速为 13.2 cm/s 时，随着振动频率和给料速度同时升高或同时降低，分选效率较高；当振频和给料速度同取低值时，分选效率最高，在低振频高给料速度和高振频低给料速度时，分选效率下降，特别是在低振频高给料速度时分选效率最低。当振动频率在 55 Hz 时，给料速度和操作气速在同高时或同低时的分选效率较低，低给料速度并且高操作气速时的分选效率最高。当给料速度固定为 1.50 kg/min 时，分选效率在高操作气速低振动频率的情况下最高，高振频低风速时最低。

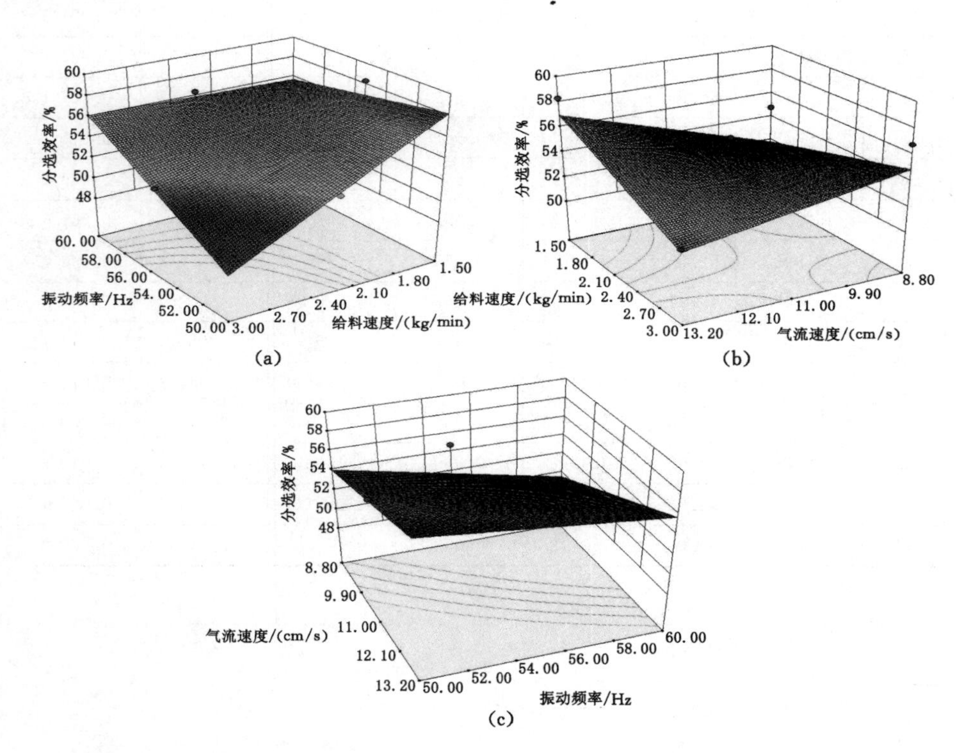

图 8-10　分选效率与各操作因素的关系

(a) v_a=13.2 cm/s；(b) f=55 Hz；(c) v_q=1.50 kg/min

8.2.3　可燃体回收率分析

表 8-11 为各种模型的方差分析，表 8-12 为标准偏差分析。选择二次方模型对实验结果进行分析(表 8-13)，可得推荐模型各实验条件组合方差分析(表 8-14 和表 8-15)。

表 8-11 各模型方差分析表

方差来源	平方和	自由度	均方	F 值	Prob>F	
平均与总和	117 008.44	1	117 008.44			推荐类型
线性与平均	22.22	3	7.41	0.70	0.566 2	
2FI 与线性	39.65	3	13.22	1.36	0.309 8	
二次方与 2FI	50.74	3	16.91	2.56	0.138 1	推荐类型
三次方与二次方	39.37	3	13.12	7.59	0.039 7	混淆类型
残差	6.91	4	1.73			
合计	117 167.34	17	6 892.20			

表 8-12 R^2 综合分析表

类型	标准偏差	R^2	R^2 校正值	R^2 预测值	预测残差平方和	
线性	3.242 5	0.139 8	−0.058 7	−0.662 8	264.21	
2FI	3.114 9	0.389 4	0.023 0	−1.564 5	407.49	
二次方	2.571 4	0.708 7	0.334 2	−3.032 3	640.74	推荐类型
三次方	1.314 7	0.956 5	0.826 0		+	混淆类型

表 8-13 二次方模型的方差分析

方差来源	平方和	自由度	均方	F 值	Prob>F
模型	112.62	9	12.51	1.89	0.206 3
A——气流速度	6.35	1	6.35	0.96	0.359 6
B——振动频率	3.06	1	3.06	0.46	0.518 0
C——给料速度	12.80	1	12.80	1.94	0.206 7
AB	0.22	1	0.22	0.03	0.861 6
AC	9.73	1	9.73	1.47	0.264 3
BC	29.70	1	29.70	4.49	0.071 8
A^2	10.40	1	10.40	1.57	0.250 1
B^2	37.05	1	37.05	5.60	0.049 8
C^2	2.44	1	2.44	0.37	0.562 7
残差	46.28	7	6.61		
失拟检验	39.37	3	13.12	7.59	0.039 7
纯误差	6.91	4	1.73		
总离差	158.90	16			

表 8-14 推荐模型综合分析表

标准偏差	均值	偏差系数	预测残差平方和	R^2	R^2调整值	R^2预测值	精确度
2.57	82.96	3.10	640.74	0.708 7	0.334 2	−3.03	4.928 6

表 8-15 推荐模型置信度分析表

因素	系数估计	自由度	标准偏差	95%置信区间下限	95%置信区间上限	方差膨胀因子
截距	84.74	1	1.15	82.02	87.46	
A——气流速度	0.89	1	0.91	−1.26	3.04	1.00
B——振动频率	0.62	1	0.91	−1.53	2.77	1.00
C——给料速度	−1.27	1	0.91	−3.41	0.88	1.00
AB	−0.23	1	1.29	−3.27	2.81	1.00
AC	−1.56	1	1.29	−4.60	1.48	1.00
BC	2.73	1	1.29	−0.32	5.77	1.00
A^2	−1.57	1	1.25	−4.53	1.39	1.01
B^2	−2.97	1	1.25	−5.93	0.00	1.01
$C2$	0.76	1	1.25	−2.20	3.72	1.01

通过计算与分析,得到可燃体回收率与各操作因素之间关系的数学模型。

用实验因素代码表示为:

$$\text{可燃体回收率} = 84.74 + 0.89A + 0.62B - 1.26C - 0.23AB - 1.56AC + 2.73BC - 1.57A^2 - 2.97B^2 + 0.76C^2$$

用实际因素符号表示为:

$$E = -260.336\,25 + 10.836\,93v_a + 11.772\,75f - 37.343\,33v_q - 0.021\,136v_a \cdot f - 0.945\,45v_a \cdot v_q + 0.726\,67v_q \cdot f - 0.324\,64v_a^2 - 0.118\,65f^2 + 1.353\,33v_q^2$$

式中 E—— 可燃体回收率;

v_a—— 操作气速;

f—— 振动频率;

v_q—— 给料速度。

图 8-11 为连续分选实验可燃体回收率残差分布图,可见各学生化残差几乎都在一条直线上,可知该推荐模型拟合效果较好。表 8-16 为分选效率的实验值和预测值,图 8-12 为预测值和实验值的对比图。从这些数据和图可知,预测值和实验值有较好的一致性。

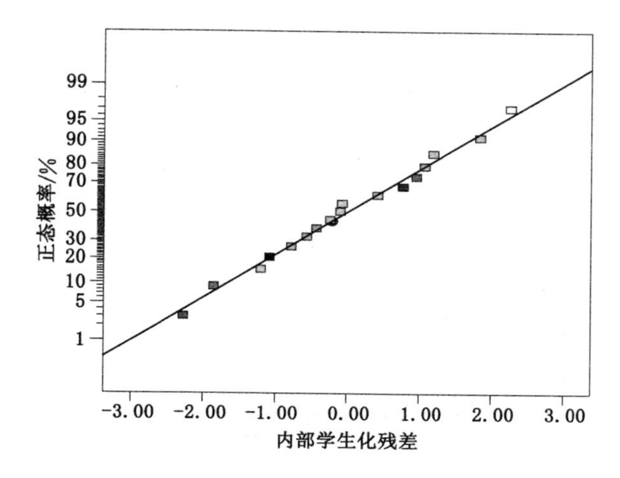

图 8-11　可燃体回收率残差分布图

表 8-16　可燃体回收率实验值和预测值

序号	实验值/%	预测值/%	残差	影响系数	内部学生化残差	外部学生化残差	库克距离
1	77.08	78.46	−1.380 0	0.75	−1.073 3	−1.087 2	0.345 6
2	81.25	80.71	0.542 5	0.75	0.421 9	0.395 7	0.053 4
3	79.62	80.16	−0.542 5	0.75	−0.421 9	−0.395 7	0.053 4
4	82.86	81.48	1.380 0	0.75	1.073 3	1.087 2	0.345 6
5	85.66	82.74	2.916 3	0.75	2.268 2	4.079 1	* 1.54
6	88.64	87.65	0.993 7	0.75	0.772 9	0.748 2	0.179 2
7	82.34	83.33	−0.993 8	0.75	−0.772 9	−0.748 2	0.179 2
8	79.08	82.00	−2.916 3	0.75	−2.268 2	−4.079 1	* 1.54
9	84.37	85.91	−1.536 3	0.75	−1.194 9	−1.239 9	0.428 3
10	79.32	81.69	−2.373 8	0.75	−1.846 3	−2.386 4	*1.02
11	80.30	77.93	2.373 8	0.75	1.846 3	2.386 4	* 1.02
12	86.15	84.61	1.536 3	0.75	1.194 9	1.239 9	0.428 3
13	84.58	84.74	−0.160 0	0.20	−0.069 6	−0.064 4	0.000 1
14	83.45	84.74	−1.290 0	0.20	−0.560 9	−0.531 4	0.007 9
15	86.95	84.74	2.210 0	0.20	0.960 9	0.954 8	0.023 1
16	84.20	84.74	−0.540 0	0.20	−0.234 8	−0.218 2	0.001 4
17	84.52	84.74	−0.220 0	0.20	−0.095 7	−0.088 6	0.000 2

注：“*”表示大于 1 的异常值。

图 8-13 为分选效率与各操作参数之间的三维响应曲面图。从图中可以看

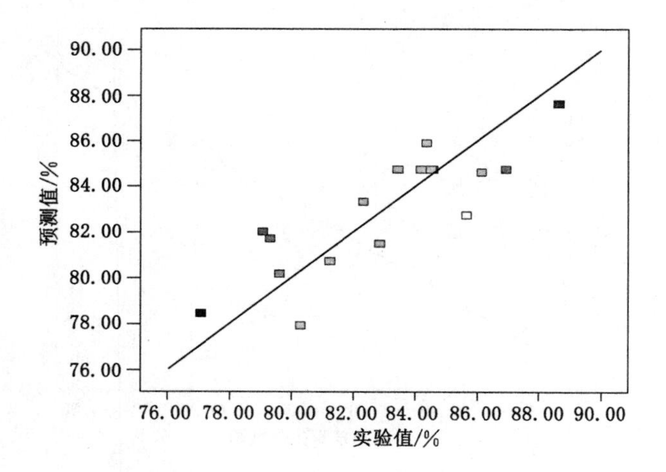

图 8-12　可燃体回收率实验值和预测值对比

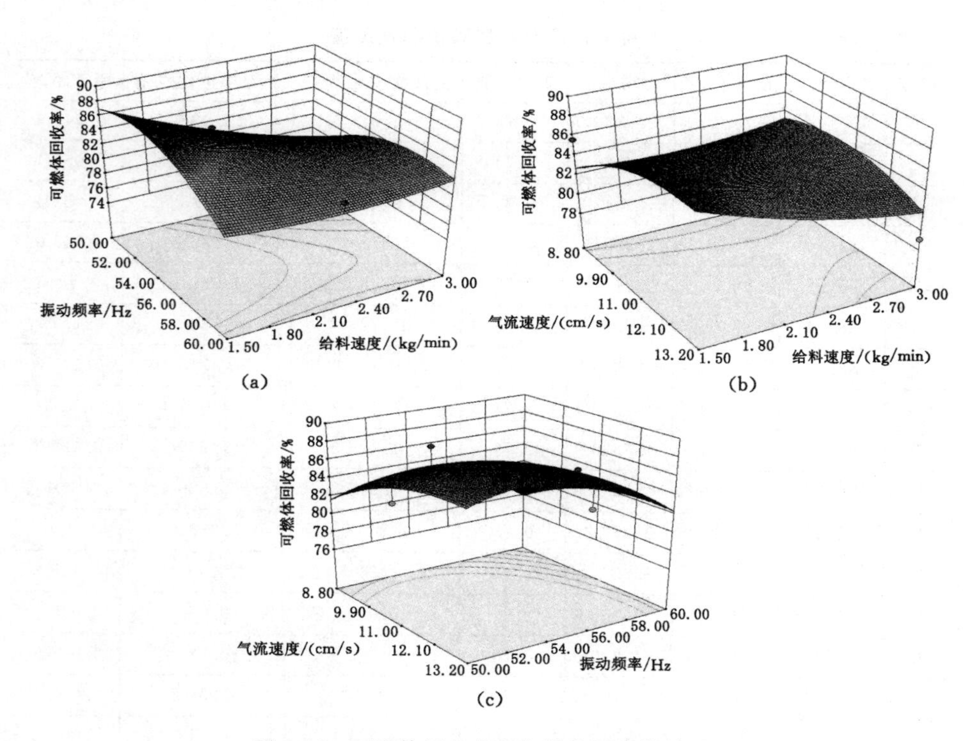

图 8-13　可燃体回收率与各操作因素的关系

(a) v_a=13.2 cm/s;(b) f=55 Hz;(c) v_q=1.50 kg/min

到，在操作气速为 13.2 cm/s 时，低振频低给料速度条件下的可燃体回收率较高；相反，低振频高给料速度时会降低可燃体回收率。振动频率为 55 Hz 时，高操作气速低给料速度可提高可燃体回收率，高操作气速高给料速度时的可燃体回收率下降。当给料速度为 1.50 kg/s 时，三维响应曲面中部隆起，表明气流速度在 9.9～13.2 cm/s 之间，振动频率在 50～56 Hz 之间，这两种情况的组合条件下，分选过程可获得较高的可燃体回收率，而在高振频低操作气速时可燃体回收率下降。

综上所述，合理的分选条件组合可以获得较好的分选效率和可燃体回收率。分析可知，高振动频率下，低给料速度使得床层物料量减少，床层活性太大，颗粒混合作用大于分层作用；低振动频率下，高给料速度使得床层物料量增加迅速，床层厚度增大，流化床活性降低，颗粒按密度分级作用减弱。一般情况下，高振频低气速和低振频高气速时，床层活性较好，稀相气泡充分形成且分布均匀。根据前面章节分析的分级模型，颗粒可以更好地在两种流化状态的协同作用下进行分级。

8.3　本章小结

本章介绍了自行设计的实验室振动流化床分选模型机，通过实验设计软件 Design-Expert 8.0 对实验过程进行三因素四水平的实验设计，并运用该模型机对磨煤机分离器采样物料进行了连续分选实验。其中，由于和基础研究用的流化床实验装置不同，物料床层厚度控制在 30 mm 左右。对实验结果进行分析，并从燃煤电厂生产经济性的角度考虑，考察了操作气速、振动频率和给料速度对轻产物和重产物的灰分、分选效率以及可燃体回收率的影响，运用 Design-Expert 8.0 后处理系统对实验结果进行分析，使用推荐的模型对结果进行分析拟合，得出各操作因素对考察内容的影响，得到它们之间的关系，并给出数学表达式。由于要从燃煤电厂实际情况出发，尽可能分离出较纯的重组分，达到脱硫降灰作用。因此，分选过程中密度较大的颗粒会分配至轻产物中，导致轻产物灰分较大，降低了分选效率。结果表明，合理地选择实验条件，会有效提高分选效率和可燃体回收率。当操作气速为 13.2 cm/s，振动频率为 55 Hz，给料速度为 1.50 kg/min 时，分选实验轻产物灰分为 45.37%，重产物灰分为 75.67%，分选效率和可燃体回收率最高，分别为 58.33%和 88.64%。

9 结论和展望

9.1 结 论

本书针对燃煤电厂磨煤机分离器返料的性质，以节能减排为最终目标，对磨煤机返料振动气固流化床分选进行研究。针对电厂用煤煤质较差，黄铁矿等高密度、高硬度矿物质组分含量较高的情况，探讨振动流化床分选技术在磨煤过程中进行细粒煤脱硫降灰的可行性。通过颗粒运动动力学分析以及对模拟物料和实际采样物料分别进行实验，对磨煤机返料的流化特性和分选特性进行研究。考察了振动频率、操作气速等参数对物料颗粒在振动流化床中分级的影响。通过数值计算和计算流体力学数值模拟对颗粒运动动力学方程和流化床气固两相流流场进行研究，并针对磨煤机返料中微细颗粒的存在，研究了 0.125 mm 以下粒级对振动流化床分选的影响。设计并制造振动流化床分选模型机，并运用实验设计软件对连续分选试验进行设计并分析实验结果，优化分选技术参数。本书研究的主要结论如下：

① 磨煤机分离器返料的物理性质表明：其属于 Geldart 的颗粒分类中的 B 类物料，当气速稍高于初始流态化速度时就会有气泡产生，床层膨胀率较小，低水分含量使其适合气固流化床干法分选。

② 根据流态化分类进行颗粒受力分析，采用 Brauer 的曳力系数关联式建立了颗粒在振动流化床中的动力学模型，分别给出了 $Re<3\times10^5$ 时颗粒在振动流化床不同区域内的加速度数学表达式：

$$\frac{\mathrm{d}v_\mathrm{p}}{\mathrm{d}t}=\frac{3\rho_\mathrm{b}(v_\mathrm{a}-v_\mathrm{p})^2}{4d_\mathrm{p}\rho_\mathrm{p}}\times\left[0.4+\frac{4}{\sqrt{\dfrac{d_\mathrm{p}(v_\mathrm{a}-v_\mathrm{p})}{1.56\times10^{-5}}}}+\frac{3.7\times10^{-4}}{d_\mathrm{p}(v_\mathrm{a}-v_\mathrm{p})}\right]-\frac{6m\,\omega^2A_0\sin\omega t}{\pi d_\mathrm{p}^3\rho_\mathrm{p}}-g$$

$$\frac{\mathrm{d}v_\mathrm{p}}{\mathrm{d}t}=\frac{3\rho_\mathrm{a}(v_\mathrm{a}-v_\mathrm{p})^2}{4d_\mathrm{p}\rho_\mathrm{p}}\times\left[0.4+\frac{4}{\sqrt{\dfrac{d_\mathrm{p}(v_\mathrm{a}-v_\mathrm{p})}{1.56\times10^{-5}}}}+\frac{3.7\times10^{-4}}{d_\mathrm{p}(v_\mathrm{a}-v_\mathrm{p})}\right]-g$$

③ 颗粒在稀相振动流化床中位移及速度方程的数值计算结果表明：上述动力学模型适用于颗粒在振动流化床中运动速度的计算和颗粒轨迹的模拟。Fluent 数值模拟结果表明：颗粒在无振动普通流化床内两种流化状态的共同作用下按密度进行了分离，低密度、中间密度和高密度颗粒分别聚集在床层顶部、中部和底部，低密度大粒径和高密度小粒径颗粒在床层中部形成等沉粒群，无法按密度进行分离。

④ 模拟物料流化和分选特性研究表明，振动床的起始流化速度和床层膨胀率降低，且随着振动频率的增加，床层体积减小。研究结果解释了颗粒在振动流化床中的按密度分级机理，即颗粒通过气泡稀相和粒群密相的协同作用，随着气泡在稀相区上升，颗粒脱落进入密相区。在密相区，颗粒浓度远大于稀相区，颗粒在此区域进行干扰沉降，根据沉降末速的不同进行分离。振动的引入，使气泡兼并，沿床层径向截面形成周期性上升的气塞，在床层中形成脉动，颗粒按密度分层速度变慢，但气塞脉动产生的加速/减速效应克服了等沉现象，强化了物料分级效果。

⑤ 实际采样物料在振动流化床中按密度进行了有效分级，在流化数为 3，振动频率为 55 Hz 的条件下，分级效果最好，轻、重产物灰分值分别为 37.39%和 78.46%，分选效率和可燃体回收率分别为 51.14%和 94.05%，重产物硫分大幅升高。研究表明，0.125 mm 以下粒级的存在，一定程度地充填了流化床内乳化相中较大颗粒之间的间隙，使流化床层孔隙率减小，流化床单位体积内颗粒浓度增加，颗粒在流化床中运动时所受黏滞力增加，颗粒之间相互作用加强，形成了密度和粒度更稳定的分选床层，即密相区。但颗粒在上升和下降过程中都要受到更大的阻力，所受合力减小，使颗粒在密相区域中的自由沉降末速减小，最终表现为在稀相气固流化床中按密度分离的作用被削弱。

⑥ 运用扫描电子显微镜背散射成像和能谱仪元素面分布技术对分选效果进行评价，可知黏土类矿物和含铁矿物等高密度组分与煤得到了分离，重产物中的硫元素主要以黄铁矿的形式存在，从而证明了振动流化床分选技术在磨煤机返料的黄铁矿脱出过程中运用的可行性。

⑦ 磨煤机返料连续性分选实验表明，物料层厚度控制在 30 mm 左右，在振动频率为 55 Hz、操作气速为 13.2 cm/s、给料速度为 1.5 kg/min 时分选效果最好，轻、重产物灰分分别为 45.37%和 75.67%，分选效率为 58.33%，可燃体回收率为 88.64%。轻、重产物灰分与振动频率、操作气速和给料速度之间的关系可表示为：

$$\begin{aligned} A_{d_q} = {} & 59.84985 - 3.77443 v_a - 0.35975 f + 18.34000 v_q + \\ & 0.076591 v_a \cdot f - 0.30303 v_a \cdot v_q - 0.26533 f \cdot v_q \end{aligned}$$

$$\begin{aligned} A_{d_z} = {} & 41.79985 + 6.63068 v_a - 0.068250 f - 7.02167 v_q - \\ & 0.064091 v_a \cdot f - 1.11818 v_a \cdot v_q + 0.34067 f \cdot v_q \end{aligned}$$

分选效率、可燃体回收率与振动频率、操作气速和给料速度之间的关系可表示为：

$$\xi = 127.00544 + 0.23750v_a - 1.89125f - 24.39167v_q + 0.048864v_a \cdot f - 1.16818v_a \cdot v_q + 0.66800v_q \cdot f$$

$$E = -260.33625 + 10.83693v_a + 11.77275f - 37.34333v_q - 0.021136v_a \cdot f - 0.94545v_a \cdot v_q + 0.72667v_q \cdot f - 0.32464v_a^2 - 0.11865f^2 + 1.35333v_q^2$$

式中，A_{d_q} 为轻产物灰分，A_{d_z} 为重产物灰分，ξ 为分选效率，E 为可燃体回收率，v_a 为操作气速，f 为振动频率，v_q 为给料速度。

9.2 创 新 点

① 首次在国内对电厂中速磨煤机进行开孔并进行在线取样，并对磨煤机分离器返料进行振动气固流化床分选实验。分选过程无外加重介质，探索振动流化床分选技术在煤炭燃前脱硫降灰以及细粒煤、微细粒煤分选中的应用。

② 根据床层流化特性，引入振动力场，在床层不同区域内分析颗粒受力情况，采用 Brauer 的曳力系数关联式建立了颗粒在振动流化床中的动力学模型，并建立了气泡稀相和粒群密相协同作用对颗粒按密度进行分级模型。

③ 通过多仪器协同分析，将扫描电子显微镜背散射成像和能谱仪元素面分布技术引入煤炭流化床分选过程，对煤及其他矿物质的微观结构进行分析，为分选过程中的黄铁矿等矿物质的嵌布、解离及迁移等基础研究提供新方法。

④ 自行设计并制造可进行连续分选的实验室振动流化床模型机，在国内首次完成了磨煤机分离器返料在无外加重介质条件下的振动流化床分选，验证了使用振动流化床分选小于 0.5 mm 细粒物料的可行性。

9.3 展 望

本书针对燃煤电厂磨煤机分离器返料进行了振动流化床分选研究，探索了振动流化床对小于 0.5 mm 细粒物料分选的可行性。由于时间和水平限制，作者认为振动流化床分选电厂磨煤机返料还需要在以下几个方面继续开展研究工作：

① 以颗粒在稀相振动流化床中的分级模型为基础，进一步研究并揭示振动对流化床分选过程的影响以及气塞有利于颗粒分选过程的机理，并归纳出统一的颗粒运动动力学模型。

② 在流化床流场模拟中加入振动，并通过离散元软件 EDEM 与 CFD 软件耦合，对气固两相系统进行颗粒运动与分布模拟，进而研究振动力场对流场分布

和颗粒按密度分级的影响。

③ 研究其他操作参数，如振动角度、振幅，床层厚度等对细粒物料分选过程及流场分布的影响。在现有理论基础上，通过修正、优化，最终得到稀相振动流化床起始流化速度、压降等流化特性与上述参数之间的关联式，指导后续系统实验及基础理论研究。

④ 优化振动流化床模型机的设计参数，对分选设备大型化进行研究，并逐步探索与磨煤机生产过程相结合，即磨煤机分离器返料在线脱硫降灰的工艺方案。

参考文献

[1] BP集团. 2015年BP世界能源统计年鉴[R],2015:32-33.

[2] 中国电力企业联合会. 2010年供电煤耗达世界先进水平[EB/OL]. http://www.cec.org.cn/yaowenkuaidi/2011-10-25/72655.html.

[3] 王志轩,潘荔,张晶杰,等. 我国燃煤电厂"十二五"大气污染物控制规划的思考[J]. 环境工程技术学报,2011,1(1):63-71.

[4] 金维强. 大型锅炉运行[M]. 北京:中国电力出版社,2004.

[5] 许传凯,袁颖. 大型燃煤电厂锅炉运行现状分析[J]. 中国电力,2003,36(1):1-5.

[6] 徐宪斌,吴炬,吴会文,等. 改进粗粉分离器提高锅炉机组经济性[J]. 中国电力,1999,32(7):16-17.

[7] 陈洁. 现代发电设备[M]. 北京:中国电力出版社,2007.

[8] 中国动力工程学会. 火力发电设备技术手册　第四卷　火电站系统与辅机[M]. 北京:机械工业出版社,2004.

[9] 崔丽敏,郝振彤,杨利民,等. 改进粗粉分离器提高制粉系统经济性[J]. 黑龙江电力技术,1996,18(1):36-40.

[10] 李文亮,杨涛,于向军,等. 国外大型球磨煤机发展现状[J]. 矿山机械,2007,35(1):13-15.

[11] 范玉勤. 煤质变化对火电厂生产运行的影响[J]. 沿海企业与科技,2008(8):93-95.

[12] 张会娟. 煤质变化对火电厂经济性影响分析[J]. 华北电力技术,2009(8):19-26.

[13] 郭晓冬. 煤质差对火电厂锅炉运行的影响[J]. 山西科技,2006(6):107-108.

[14] 张凡. 半干旱湿法烟气脱硫技术简介[J]. 环境教育,2008(10):71-73.

[15] 黎在时,刘卫平. 德国WULF公司的干法脱硫技术[J]. 中国环保产业,2002(2):74-76.

[16] 容銮恩. 燃煤锅炉机组[M]. 北京:中国电力出版社,1998.

[17] 郝吉明,王书恩. 燃煤二氧化硫污染控制技术手册[M]. 北京:化学工业出

版社,2001.

[18] 杨云松.复合式干法选煤技术的开发和应用[J].煤矿机械,2009,30(8):54-56.

[19] 赵跃民,李功民,骆振福,等.一种新型的高效干法选煤设备[J].中国煤炭,2009,35(10):90-92.

[20] LUO Z F,FAN M M,ZHAO Y M,et al. Density dependent separation of dry fine coal in a vibrated fluidized bed[J]. Powder Technology,2008,187(2):119-123.

[21] 宋树磊,赵跃民,骆振福,等.气固磁稳定流化床屈服应力的实验研究[J].中国矿业大学学报,2011,40(6):908-911.

[22] SONG S L,ZHAO Y M,HE Y Q,et al. Basic research on the separation of electronic scraps with an active-pulsed airflow classifier[C]//The 2nd International Conference on Bioinformatics and Biomedical Engineering,Shanghai,China,2008:808-813.

[23] ZHANG X X,BIAN B X,DUAN C H,et al. Triboelect rostatic separation:an efficient method of producing low ash clean coal[J]. Journal of China University of Mining & Technology,2002,12(1):35-37.

[24] GELDART D. Types of gas fluidization[J]. Powder Technology,1973,7(5):285-292.

[25] LI J,KWAUK M. Particle-Fluid Two-Phase Flow[M]. Beijing:Metallurgical Industry Press,1994.

[26] JOHNSON P C,JACKSON R. Frictional-collisional constitutive relations for granular materials with application to plane shearing[J]. Journal of Fluid Mechanics,1987(176):67-93.

[27] NIEUWLAND J J,VAN ANNALAND M,KUIPERS J A M,et al. Hydrodynamic modeling of gas/particle flows in riser reactors[J]. Aiche Journal,1996,42(6):1569-1582.

[28] 欧阳洁,李静海.鼓泡流化床中动态行为的离散模拟[J].自然科学进展:国家重点实验室通讯,2000,10(2):154-160.

[29] WANG W,LI Y. Hydrodynamic simulation of fluidization by using a modified kinetic theory[J]. Industrial & Engineering Chemisthy Research,2001,40(23):5066-5073.

[30] 李泽普,秦建华.俄罗斯风力选煤现状及发展趋势[J].中国煤炭,1998,24(5):53-55.

[31] 任尚锦,徐永生,卢连永,等. FX 型和 FGX 型干法分选机在我国的应用

[J]. 选煤技术,2001(5):4-6.

[32] CHAN E W,BEECKMANS J M. Pneumatic beneficiation of coal fines using the counter-current fluidized cascade[J]. International Journal of Mineral Processing,1982,9(2):157-165.

[33] BEECKMANS J M,MINH T. Separation of mixed granular solids using the fluidized counter current cascade principle[J]. The Canada Journal of Chemical Engineering,1977,55(5):493-496.

[34] BEECKMANS J M, STAHL B. Mixing and segragation kinetics in a strongly segregated gas-fluidized bed[J]. Powder Technology, 1987, 53(1):31-38.

[35] BEECKMANS J M,JEFFS A. Taylor dispersion in fluidized channel flow [J]. Chemical Engineering Science,1982,37(6):863-867.

[36] SAHU A K,BISWAL S K,PARIDA A. Development of air dense medium fluidized bed technology for dry beneficiation of coal-a review[J]. International Journal of Coal Preparation and Utilization,2009,29(4):216-241.

[37] LUO Z F,ZHAO Y M,FAN M M,et al. Density calculation of a compound medium solids fluidized bed for coal separation[J]. The Journal of The Southern African Institute of Mining and Metallurgy,2006,106(11):749-752.

[38] LUO Z F,ZHAO Y M,TAO X X,et al. Progress in dry coal cleaning using air-dense medium fluidized beds[J]. Coal Preparation,2003,23(1-2):13-20.

[39] LUO Z F,ZHU J F,FAN M M,et al. Low density dry coal beneficiation using an air dense medium fluidized bed[J]. Journal of China University of Mining& Technology,2007,17(3):306-309.

[40] CHEN Q R,LUO Z F,WANG H F,et al. Theory and practice of dry beneficiation technology in China[C]//Proceedings of XXIV International Mineral Processing Congress,Beijing,China,2008:1900-1907.

[41] ZHAO Y M,LUO Z F,CHEN Q R,et al. Development of dry cleaning with fluidized beds in China[C]//Proceedings of the 11th International Mineral Processing Symposium,Belek-Antalya,Turkey,2008:639-646.

[42] 骆振福,陈清如. 振动流化床的分选特性[J]. 中国矿业大学学报,2000,29(6):566-569.

[43] 骆振福,MAO-MING FAN,赵跃民,等. 物料在振动力场流化床中的分离[J]. 中国矿业大学学报,2007,36(1):27-32.

[44] 骆振福,赵跃民.流态化分选理论[M].徐州:中国矿业大学出版社,2002.
[45] 张厦,章新喜.振动逆流干法分选机的试验研究[J].选煤技术,2011(1):1-3.
[46] WOTRUBA H,WEITKAEMPER L,STEINBERG M. Development of a New Dry Density Separator for Fine-grained Materials[C]//XXV International Mineral Processing Congress (IMPC) 2010 Proceedings /Brisbane,QLD,Australia/6-10 September,2010:1393-1398.
[47] WEITKAEMPER L,WOTRUBA H. Effective Dry Density Benefication of Coal[C]//XXV International Mineral Processing Congress (IMPC) 2010 Proceedings /Brisbane, QLD, Australia/6-10 September, 2010: 3687-3693.
[48] 骆振福,MAO-MING FAN,陈清如,等.振动参数对流化床分选性能的影响[J].中国矿业大学学报,2006,35(2):209-213.
[49] 郭慕孙,李洪钟.流态化手册[M].北京:化学工业出版社,2007.
[50] BRATU E M,JINESCU G I. Heat transfer in vibrated fluidized layers [J]. Revue Roumaine de Chimie,1972(17):49-56.
[51] 陈建平,汪展文,金涌,等.不同类型颗粒的流态化[J].高校化学工程学报,1995,9(4):352-357.
[52] 靳海波,张济宇,张碧江.单组分颗粒振动流化床的流体力学研究(2)——床层膨胀和起始流化速度[J].化学工业与工程,1996,13(4):20-24.
[53] MUSHTAEV V I,KOROTKOV B M. Study on hydrodynamic of a vibrated fluidized bed in drying dispersal material[J]. Chemical & Petroleum Engineering,1973(12):13-14.
[54] ERDÉSZ K,MUJUMDAR A S. Hydrodynamic aspects of conventional and vibrofluidized beds-a comparative evaluation[J]. Powder Technology,1986(46):167-172.
[55] 陈建平.振动流化床中的流体力学行为的研究[D].北京:清华大学,1992.
[56] 李秀芹,顾延安.振动流化床空气动力学研究[J].化学工程,1993,21(4):28-32.
[57] 俞书宏,马宝娇,翁颐庆.振动流化床中流体力学的研究[J].化学工程,1995,23(6):51-53.
[58] 靳海波,张济宇,张碧江.单组分颗粒振动流化床的流体力学研究(1)——起始流化时床层压降[J].化学工业与工程,1996,13(3):15-21.
[59] 靳海波,赵增立,张济宇,等.振动流化床中床层空隙率的分布[J].高校化学工程学报,1998,12(2):130-135.
[60] 王亭杰,汪展文,金涌,等.振动波在流化床中的传播行为[J].化工学报,

1996,47(6):718-726.

[61] MUJUMDAR A S. 世界化学反应过程新进展[M]. 陆乃宸,译. 北京:烃加工出版社,1989:223-230.

[62] ROWE P N,NIENOW A W,AGBIM A J. The mechanism by which particles segregate in gas fluidized beds:binary system of near-spherical particles[J]. Transactions of the Institution of Chemical Engineers,1972(50):310-324.

[63] A. W. NIENOW,N. S. NAIMER,T. CHIBA. Studys of Segregation/Mixing in Fluidised Beds of Dfferent Size Particles[J]. Chemical Engineering Communications,1987,62(1-6):53-66.

[64] KESUK M. Fluidization Idealized and Bubbleless,with Applications[M]. Beijing/New York:Science Press/Ellis Horwood,1992:73.

[65] DSBIFDON J F. Symposium on fluidization-discussion[J]. Transactions of the Institution of Chemical Engineers,1961(39):230-232.

[66] GRACE J R,CLIFT R. On the two-phase theory of fluidization[J]. Chemical Engineering Science,1974,29(2):327-334.

[67] 李静海. 两相流多尺度作用模型和能量最小方法[D]. 北京:中国科学院化工冶金研究所,1987.

[68] LI J,TUNG Y,KWAUK M. Axial voidage profiles of fast fluidized beds in different operating regions[C]//BSDU P,LSTHR J F. In Circulating Fluidized Bed Technology Ⅱ. Oxford:Pergamon Press,1988:193-203.

[69] HARTEG E U,RENSNER D,WERTHER J. Solid concentration and velocity in circulating fluidized bed[C]//BASU P,LARGE J F. In Circulating Fluidized Bed Technology Ⅱ. Oxford:Pergamon Press,1988:165.

[70] RICHARDSON J F, ZAKI W N. Sedimentation and fluidization[J]. Transactions of the Institution of Chemical Engineers,1954(32):35-53.

[71] LI J. Compromise and resolution-Exploring the multi-scale nature of gas-solid fluidization[J]. Powder Technology,2000,111(1-2):50-59.

[72] LI J,KWAUK M. Particle-Fluid Two-Phase Flow:The Energy-Minimization Multi-Scale Method[M]. Beijing:Metallurgical Industry Press,1994.

[73] LI J,WEN L,GE W,et al. Dissipative structure in concurrent-up gas-solid flow,Chemical Engineering Science,1998,53(19):3367-3379.

[74] 程从礼,高士秋,张忠东. 气固循环流化床能量最小多尺度环核(EMMS/CA)模型[J]. 化工学报,2002,53(8):804-809.

[75] 刘亚妮. 循环流化床锅炉数学模型及数值模拟研究[D]. 武汉:武汉大

学,2005.
[76] PUGSLEY T S,BERRUTI F. A predictive hydrodynamic model for circulating fluidized bed risers[J]. Powder Technology,1996,89(1):57-69.
[77] NG B H,DING Y L,GHADIRI M. Modelling of dense and complex granular flow in high shear mixer granulator-A CFD approach[J]. Chemical Engineering Science,2009,64(16):3622-3632.
[78] SAU D C,BISWAL K C. Computational fluid dynamics and experimental study of the hydrodynamics of a gas-solid tapered fluidized bed[J]. Applied Mathematical Modelling,2010,11(037):1-33.
[79] GIDASPOW D. Hydrodynamics of fluidization and heat transfer: supercomputer modeling[J]. Applied Mechanics Reviews,1986,39(1):1-23.
[80] TSUO Y P,GIDASPOW D. Computation of flow patterns in circulating fluidized beds[J]. Aiche Journal,1990,36(6):885-896.
[81] DING J,GIDASPOW D. A bubbling fluidization model using kinetic theory of granular flow[J]. AICHE JOURNAL,1990,36(4):523-538.
[82] HARTEN A,ENGQUIST B,OSHER S,et al. Unifomrly high-order accurate essentially non-oscillatory schemes III[J]. Journal of Computational Physics,1987(71):231-303.
[83] 徐振礼,刘儒勋,邱建贤.双曲守恒律方程的加权本质无振荡格式新进展[J].力学进展,2004,34(1):9-22.
[84] LIU X D, OSHER S, CHAN T. Weighted essentially non-oscillatory schemes[J]. Journal of Computational Physics,1994(115):200-212.
[85] JIANG G S, SHU C W. Effcient implementation of weighted ENO schemes[J]. Journal of Computational Physics,1996(126):202-228.
[86] FRIEDRICHS O. Weighted essentially non-oscillatory schemes for the interpolation of mean values on unstructred grids[J]. Journal of Computational Physics,1998(144):194-212.
[87] 张涵信.差分计算中激波上、下游出现波动的探讨[J].空气动力学学报,1984(2):12-19.
[88] HARTEN A. HIGH resolution schemes for hypersonic conservation laws [J]. Journal of Computational Physics,1983(49):357-393.
[89] YEE H C,WARMING R F,HARTEN A. Implicit total variation diminishing (TVD) schemes for steady-state calculations[J]. Journal of Computational Physics,1985,57(3):327-360.
[90] HARTEN A,OSHER S,ENGQUIST B,et al. Some results on uniformly

high-order accurate essentially nonoscillatory schemes[J]. Applied Numerical Mathematics,1986,2(3-5):347-377.
[91] ROE P L. Some contributions to the modelling of discontinuous flows[J]. Lectures in Applied Mathematics,1985(22):163-193.
[92] OSHER S. Shock modelling in transonic and supersonic flow[J]. Advanced in Computational Transonics,1985(4):607-644.
[93] YEE H C. Construction of explicit and implicit symmetric TVD schemes and their applications[J]. Journal of Computational Physics,1987,68(1):151-179.
[94] 柳建新,郭荣文,童孝忠,等. 基于多重网格法的 MT 正演模型边界截取[J]. 中南大学学报,2011,42(11):3429-3434.
[95] 吴文权,任孝安. 随机对流扩散方程的数值仿真[J]. 工程热物理学报,2011,32(11):1833-1837.
[96] 刘金魁,王开荣,杜祥林,等. 一种新的非线性共轭梯度法及收敛性[J]. 数值计算与计算机应用,2009,30(4):247-254.
[97] LI Z F,CHEN J,DENG N Y. A new conjugate gradient method and its global convergence properties[J]. Systems Science and Mathematical Sciences,1998(11):53-60.
[98] 陈元媛,曹兴涛,杜守强. 一种新的非线性共轭梯度法的全局收敛性[J]. 2004,17(2):22-24.
[99] DAI Y H, YUAN Y X. A nonlinear conjugate gradient method with a strong global convergence property[J]. Society for Industrial and Applied Mathematics,1999,10(1):177-182.
[100] DAI Y H. Conjugate gradient methods with Armijo-type line search[J]. Acta Mathematicae Applicatae Sinica, English Series, 2002, 18(1): 123-130.
[101] 陶秀祥,陈清如,骆振福,等. 煤炭外水分布规律及其对流化床分选的影响[J]. 中国矿业大学学报,1999,28(4):326-330.
[102] 陶秀祥,杨玉芬,骆振福,等. 水分对空气重介流化床选煤过程影响的综合分析与研究[J]. 选煤技术,1995(2):10-13.
[103] 宋树磊. 空气重介磁稳定流化床分选细粒煤的基础研究[D]. 徐州:中国矿业大学,2009.
[104] 岑可法,樊建人. 工程气固多相流动的理论及计算[M]. 杭州:浙江大学出版社,1990.
[105] 刘大有. 两相流体动力学[M]. 北京:高等教育出版社,1993.
[106] SOO S L. Particulates and Continuum:Multiphase Fluid Dynamics[M].

London:Hemisphere Publishing Corporation,1989:4.

[107] SOO S L. Multiphase Fluid Dynamics[M]. Beijing: Science Press, 1990:17.

[108] 章梓雄,董曾南. 黏性流体力学[M]. 北京:清华大学出版社,2004.

[109] HAPPEL J,BRENNER H. Low Reynolds Number Hydrodynamics[M]. 2nd ed. Leyden:Noordhoff,1973.

[110] 李响. 外场作用下流化床中气固两相流动数值模拟[D]. 哈尔滨:哈尔滨工业大学,2010.

[111] 叶世超,李川娜. 通气振动流化床干燥器振动参数的制定[J]. 四川联合大学学报,1999,3(4):1-6.

[112] BASSET A B. Hydrodynamics[M]. Vol. 2. New York:Dover,1961:285.

[113] FINNEMORE E J,FRANZINI J B. 流体力学及其工程应用[M]. 钱翼稷,周玉文,等,译. 北京:机械工业出版社,2009.

[114] TSUJI Y,MORIKAWAN Y,MIZUNO O. Experimental Measurement of the Magnus Force on a Reynolds Numbers[J]. Fluid Engineering, 1985(107):484-488.

[115] LEVA M. 流态化[M]. 郭天民,谢舜韶,译. 北京:科学出版社,1963.

[116] BRATU E M,JINESCU G I. Heat Transfer in Vibrated Fluidized Layers [J]. Revue Roumaine de Chimie,1972,17:49-56.

[117] 蒙以正. MATLAB 5. X 应用与技巧[M]. 北京:科学出版社,1999.

[118] 崔怡. MATLAB 5.3 实例详解[M]. 北京:航空航天工业出版社,1999.

[119] 王尊正. 数值分析基本教程[M]. 哈尔滨:哈尔滨工业大学出版社,1993.

[120] 何亚群. 主动脉动气流分选机理及其在电子废弃物处理中的应用研究[D]. 徐州:中国矿业大学,2007.

[121] 易大为,陈道琦. 数值分析引论[M]. 杭州:浙江大学出版社,2000.

[122] 董文辉,夏露. 一种基于 N-S 方程的 CFD/CSD 耦合计算方法[J]. 航空工程进展,2011,2(4):409-414.

[123] 阎超,于剑,徐晶磊,等. CFD 模拟方法的发展成就与展望[J]. 力学进展, 2011,41(5):562-589.

[124] CHEN X Z,SHI D P,GAO X,et al. A fundamental CFD study of the gas-solid flow field in fluidized bed polymerization reactors[J]. Powder Technology,2011,205(1-3):276-288.

[125] CORONEO M,MONTANTE G,BASCHETTI M G,et al. CFD modelling of inorganic membrane modules for gas mixture separation[J]. Chemical Engineering Science,2009,64(5):1085-1094.

[126] DAWES J E, HANSPAL N S, FAMILY O A, et al. Three-dimensional CFD modelling of PEM fuel cells: An investigation into the effects of water flooding [J]. Chemical Engineering Science, 2009, 26 (12): 2781-2794.

[127] BALAJI S, DU J, WHITE C M, et al. Multi-scale modeling and control of fluidized beds for the production of solar grade silicon[J]. Powder Technology, 2010, 199(1): 23-31.

[128] 王伟文,周忠涛,陈光辉,等. 流态化过程模拟的研究进展[J]. 化工进展, 2011,30(1):58-65.

[129] 徐文胜,马志刚,方梦祥. 流化床内气固流体动力学的数值模拟[J]. 电站系统工程,2011,27(6):6-15.

[130] 曹昊,缪正清,肖峰. 循环流化床二次风射流相关影响因素的数值模拟研究[J]. 锅炉技术,2011,42(5):32-37.

[131] 王书福,马军军,王天宇,等. 进口边界条件对边壁进风鼓泡床流动的影响研究[J]. 动力工程学报,2011,31(11):855-860.

[132] 傅德薰. 流体力学数值模拟[M]. 北京:国防工业出版社,1993.

[133] 阎超. 计算流体力学方法及应用[M]. 北京:北京航空航天大学出版社,2006.

[134] 李松波. 耗散守恒格式[M]. 北京:高等教育出版社,1997.

[135] ERGUN S. Fluid flow through packed columns[J]. Chemical Engineering Progress, 1952, 48(2): 89-94.

[136] 张政,谢灼利. 流体-固体两相流的数值模拟[J]. 化工学报, 2001, 52(1): 1-12.

[137] PATANKAR S V, SPALDING D B. A calculation procedure for heat, mass and momentum transfer in three-dimensional parabolic flows[J]. International Journal of Heat and Mass Transfer, 1972, 15 (10): 1787-1806.

[138] PATANKAR S V. Numerical Heat Transfer and Fluid Flow[M]. New York: Hemisphere, 1980.

[139] 赵智峰,欧阳洁,杨继业. 基于 SIMPLER 算法的多重网格方法研究[J]. 应用力学学报,2007,24(4):609-614.

[140] 李斌,陈听宽,崔凝. SIMPLEX 算法与其它算法收敛特性的比较[J]. 华北电力大学学报,2004,31(3): 51-55.

[141] 宋道云,刘洪来,方波,等. 动量插值与完全压力校正算法及交错网格 SIMPLE 算法的比较[J]. 华东理工大学学报,2003,29(2):124-143.

[142] 佟桂芳,徐德龙,张强,等. 一种新改进的 SIMPLE 算法[J]. 2001,33(3):221-224.

[143] BATINA J T. Three-dimensional flux-split Euler schemes involving unstructured dynamic meshes[J]. AIAA paper,1990:1990-1649.

[144] BARTH T J,FREDERICKSON P O. Higher order solution of the Euler equations on unstructured grids using quadratic reconstruction[J]. AIAA paper,1990:1990-0013.

[145] FRINK N T,PARIKH P,PIRZADEH S. A fast upwind solver for the Euler equations on three dimensional unstructured meshes[J]. AIAA paper,1991:1991-0102.

[146] LUO H,BAUM J D. High-Reynolds number viscous flow computations using an unstructured-grid method[J]. AIAA paper,2004:2004-1103.

[147] MANI M,CARY A. A structured and hybrid unstructured grid Euler and Navier-Stokes solver for general geometry[J]. AIAA paper,2004:2004-2524.

[148] MARCUM D L,GAITHER J A. Mixed element type unstructured grid generation for viscous flow applications[J]. AIAA paper, 1999:1999-3252.

[149] BENEK J A,STEGER J,DOUGHERTY F. A flexible grid embedding technique with applications to the Euler equations[J]. AIAA paper,1983:1983-1944.

[150] 李亭鹤. 重叠网格自动生成方法研究[D]. 北京:北京航空航天大学,2004.

[151] CHEN X Z,SHI D P,GAO X,et al. A fundamental CFD study of the gas-solid flow field in fluidized bed polymerization reactors[J]. Powder Technology,2011,205(1-3):276-288.

[152] REDEMANN K,HARTGE E U,WERTHER J. A particle population balancing model for a circulating fluidized bed combustion system[J]. Powder Technology,2009,191(1-2):78-90.

[153] CRAIG H,CEDRIC B,FRANCO B,et al. Effect of a shroud on entrainment into a submerged jet within a uidized bed[J]. Chemical Engineering & Processing Process Intensification,2008,47(9-10):1435-1450.

[154] 贺靖峰,何亚群,段晨龙,等. 脉动气流回收蛭石的实验研究与数值模拟[J]. 中国矿业大学学报,2010,39(4):557-562.

[155] 唐利刚,朱庆山,段晨龙,等. 干扰流化床中细粒煤散式流化特性数值模拟研究[J]. 中国矿业大学学报,2012,41(1):86-90.

[156] 唐利刚,赵跃民,骆振福,等.宽粒级加重质的流化特性[J].中国矿业大学学报,2009,38(4):509-514.

[157] PATRICIA B C,PEIRCE J J. Particle Density and Air-Classifier Performance [J]. Journal of Environmental Engineering,1988,114(2):382-399.

[158] JACKSON C R. An Investigation of Passive Pulsed Air Classification [D]. Durham:Department of Environmental Engineering,Duke University,1985:5-6.

[159] 唐利刚.宽粒级加重质流化床的数值模拟及分选特性[D].徐州:中国矿业大学,2010.

[160] 王海锋.摩擦电选过程动力学及微粉煤强化分选研究[D].徐州:中国矿业大学,2010.

[161] YANG W C. Chapter 26:Particle Segregation in Gas-Fluidized Beds[M]//Cheremisinoff N P. Encyclopedia of Fluid Mechanics,Vol. 4,Solids and Gas-Solids Flows. Houston:Gulf Publishing Company,1986:817.

[162] 代宁宁,骆振福,赵跃民,等.次生床层对气固流化床密度分布的影响[J].煤炭工程,2011,1(4):99-101.

[163] 何亚群,赵跃民.脉动气流分选[M].北京:化学工业出版社,2009.

[164] 何亚群,王海锋,段晨龙,等.阻尼式脉动气流分选装置的流场分析[J].中国矿业大学学报,2005,34(5):574-578.

[165] 王培铭,丰曙霞,刘贤萍.背散射电子图像分析在水泥基材料微观结构研究中的应用[J].硅酸盐学报,2011,39(10):1659-1665.

[166] 叶涛,杨海伦,叶先贤.利用背散射电子图像法定量分析水泥组分含量[J].水泥,2011(4):14-15.

[167] FMMY C,SCRIVNER K L,ATKINSON A,et al. Effects of an early or a late heat treatment on the microstructure and composition of inner C-S-H products of Portland cement mortars[J]. Cement & Concrete Research,2002,32(2):269-278.

[168] HEAD M K,BUENFELD N R. Measurement of aggregate interfacial porosity in complex,multi-phase aggregate concrete:Binary mask production using backscattered electron,and energy dispersive X-ray images [J]. Cement & Concrete Research,2006,36(2):337-345.

[169] HORNE A T,RICHARDSON I G,BRYDSON R M D. Quantitative analysis of the microstructure of interfaces in steel reinforced concrete [J]. Cement & Concrete Research,2007,37(12):1613-1623.